刺繡 *idées*

以插畫設計の心情玩刺繡

迷你刺繡

組合拉丁字母＆英文字母
刺繡而成的圖案別針，
在小小的空間裡，
裝入滿滿的刺繡樂趣。

原寸圖案 P.106

製作＝川畑杏奈（annas）
充滿故事感的迷你圖案於本誌十分受到歡
迎。著有《annas的初學刺繡小物》（美術
出版社）、《手帳與點綴拼貼畫的插圖畫法
帖》（技術評論社）。
http://sky.geocities.jp/annas_ocha/

○攝影 渡邊淑克 ○造型 前田かおり

Contents

特別附錄

刺繡圖案集
懷舊刺繡・字母刺繡・小巾刺繡

一起來繡以 A 到 Z 排列の字母吧！
完成 26 個字母，選擇喜愛的字母作為單點裝飾也很棒喔！

○攝影　渡邊淑克　○造型　前田かおり

特集
1

字母刺繡

在華麗的銀色字母，裝飾上像是纏繞著玫瑰般的組合刺繡後，再添加可愛的小花蕾吧！

1 玫瑰刺繡

在柔和的粉紅色亞麻布上，使用銀色的金蔥線刺繡字母，
再添上小玫瑰。
字母以纏繞的回針繡作出分量感，
將玫瑰的花朵顏色作出層次，讓畫面富有立體感。

特別附錄 [A] 面
刺繡部分 29cm×25cm

製作＝森れいこ
擁有細緻的刺繡作品而極具人氣的手作家。
兼營商店love letter、手作教室。
著有《亞麻上的刺繡》（文化出版局）等書。
http://www.loveletter2000.com

2 Market 圖案框物

在字母的 A 加上 APPLE、B 加上 BREAD
這些超市裡的主題圖案，就成了非常有趣的作品。
五彩繽紛的顏色，令人心情愉快，
選擇喜愛的主題圖案，再鑲上小框就完成囉！

特別附錄 [B] 面
框內徑（大）24.5cm×17cm（小）6.5cm×4cm

製作 = 石井敏江
非常喜歡十字繡與夏威夷，作品以動物圖案或夏威
夷圖案為主要設計。著有《夏威夷風情十字繡 2》
（IKAROS出版）等等。
http://homepage2.nifty.com/kiriko-katatumuri/

製作＝渡部友子（a Little Bird）
於網站或部落格介紹刺繡、手作布盒、拼
布，以及個人的手作生活。除了在手藝雜
誌發表作品之外，也活躍於各項活動。
http://www.asahi-net.or.jp/~ui5h-wtb

3 海扇形裁縫箱&緞帶貝殼小包

具有海扇形邊緣，令人印象深刻的籃子，
英文字母搭配上鳥或玫瑰的刺繡極具魅力，
放入縫紉用具也很可愛！
稱為貝之口的小包，
是以三片布包裹板子進行藏針縫製作而成，
兩端加上緞帶為其裝飾重點。

作法 P.92・P.93
特別附錄 [B] 面

素材提供／Clover（株）

HIJKLMNOPQRST

4 紅線刺繡靠墊

以各式各樣的紅線,
於亞麻布刺繡拉丁字母的靠墊,
加上有設計感的主題圖案,
即為一款兼具成熟味&可愛的作品。

作法 P.94
特別附錄 [B] 面

製作＝立川一美
刺繡作家,文化教室講師。
以個人展覽為主要從事活動。

5 字母刺繡手提包

在條紋亞麻布繡上
大寫字母的包包,
綁上提把,
裡袋使用紫色
素亞麻布為其特色。

作法 P.95
特別附錄 [B] 面

製作＝小川真里
用心製作簡單&具有漂亮色彩的刺繡。喜歡字
母或貓咪圖案的刺繡及段染線。在部落格內記
錄了刺繡與愛貓的每一天。
http://marquise.exblog.jp/

6 動物＆字母框物

自由設計的 26 個字母，
加上花朵，或正在玩耍的動物，
充滿宛如繪本的柔和色調，
是滿溢歡樂氣氛的框物。

特別附錄 [B] 面
內徑 28.5cm×20cm

製作＝こむらたのりこ
以ko*mu一名於活動與商店販售刺
繡和絨毛玩具。著有《第一次的刺
繡——動物＆生物迷你刺繡380》
（朝日新聞社出版）。

享受北歐風の刺繡

維京人或鳥的主題圖案、騎鵝歷險記的故事,充滿北歐風的主題圖案刺繡。
令人懷念的設計,正好適合自寧靜秋天開始的刺繡時間。

○攝影 大島明子 ○造型 植松久美子

7 維京人圖案手提包

設計三個獨特的維京人同伴,
以十字繡製作。
上下加入織帶圖案為其特色,
布邊的小船印花也很可愛。

作法 P.96
圖案 [A] 面

製作 = Nitka
「Nitka」是捷克語「線」的意
思。由一條線創造出來的柔和世
界,每天都與具有各式各樣表現
的線一起製作作品。
http://nitka.petit.cc/

8 鳥&果實拉鈴帶

以紅線刺繡作出北歐風格的設計，
成為房間的獨特裝飾。
獨特的繡法營造出有氣氛的成品，
加上裡布也是此作品的特色。

作法 P.94
圖案 [B] 面

9 鳥の書衣

在自然的亞麻布上，
以黑色繡線製作的書衣。
單邊的摺口，
可以依照書本的厚度自行調節。

作法 P.96
圖案 [A] 面

圖案參考 1800 年代的丹麥裝飾布的設計。

8・9 製作＝立川一美
刺繡作家，文化教室講師。
以個人展覽為主要活動。

10・11・12
製作 = FILOSOFI　新美麻玲
以深刻的明亮印象設計為目標，製作十字繡
圖案。對北歐的簡單生活與手工藝懷抱憧憬，過著製作布小物的每一天。
http://filosofi.jugem.jp/

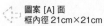 **繪本木框**

著名的瑞典童話，
以「騎鵝歷險記」為意象設計的框物。
騎鵝旅行的主角，風和日麗的景致，
在黃綠色的亞麻布上均衡配置。

圖案 [A] 面
框內徑 21cm×21cm

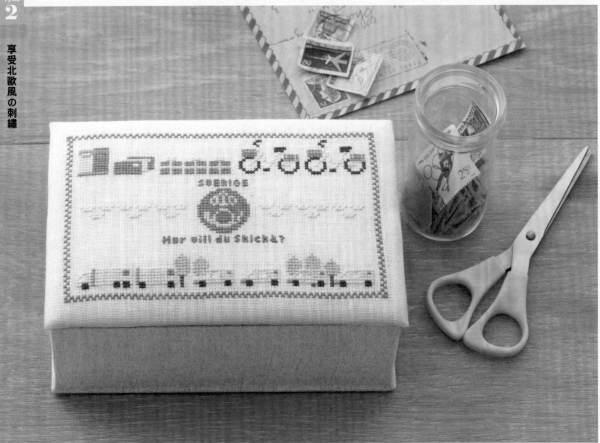

11 瑞典郵件布盒

中央是組合皇冠＆
法國號的象徵標記，
蒐集郵局的主題藍色＆
黃色的收發車與投遞的自行車，
以及郵筒圖案作成的樣本，
盒子的主體使用市售的
手作布盒配件。

圖案 [A] 面
長 12cm× 寬 18.5cm× 高 7cm

12 民族風迷你墊

以瑞典達拉納地區的民族服裝
圖案刺繡而成的迷你墊，
據說現在當地每年六月的夏至祭活動上，
仍舊穿著傳統的服裝慶祝，
裙子圖案＆隨身物品也非常引人注目呢！

作法 P.99
圖案 [A] 面

kicca

キッカワ アコの
北歐刺繡生活

樸素＆具有暖意的用色，
羊毛＆棉系的柔軟手感——
跟著喜愛北歐手工藝的キッカワ アコ，
一起體驗北歐刺繡的魅力。

○攝影　大西二士男　○撰文　梶謠子

**13 瑞典 Tvistsöm
刺繡隔熱手套**

選用手套為體，
以雙色刺繡展現北歐風布邊印花。
為使易於縫紉，
表布用毛呢質料取代轉繡網布。

作法‧圖案 P.97
繡法 P.16

14

{14} 直線緞面繡の
裝飾品

只要一邊數織線，一邊重複刺繡，
就能作出織物的優雅質感，
運用混合雙色的花線，
享受細膩的配色樂趣。

作法 P.97　圖案 [A] 面
繡法 P.16

1 將結繩繩線解開，縫在腰部的斜紋織
帶的末端，作成三股編。
2 洗過好幾次，可以收緊花線，變身為
樸素的成品，使用轉繡網布，也可以在
布目緊密的布或羊毛布料上刺繡。

{15} 織繡
花邊圍裙

「織繡」是一邊數織線，一邊在一個橫列上
往前入針，類似日本小巾刺繡的一種技法。
自瑞典的民族服裝得到靈感啟發，
以刺繡表現樸素的織紋花樣。

圖案 [A] 面

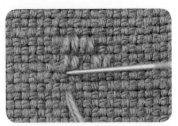

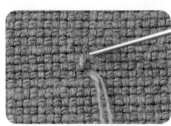

直線緞面繡

花線取兩股線，一邊數織線，
一邊以相同寬度重複進行刺繡。
從左至右再由右至左，
每一段交替的
使針前進為其重點。

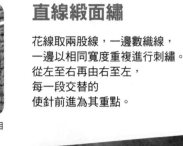

3 要換不同顏色繡線的部分，就先跳過這些目數，相同顏色的部分先行刺繡。

2 作完連續四針後，直接往下一個段，由右往左進行刺繡。

1 織線1×1條為一目，由下往上進行兩目長度的直線繡。

6 混合兩色繡線時，隨機分配繡線排列，即可作出表情豐富的成品喔！

5 一條一條拉齊兩色的線，取兩股線刺繡，請不要使線扭曲。

4 換線，刺繡填滿步驟3跳過的部分，線頭跨線至背面收線。

One point Lesson

キッカワ教你兩種繡法

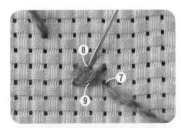
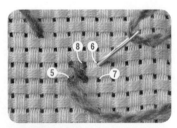
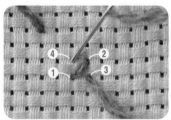

瑞典 Tvistsöm 刺繡

這是流傳於南瑞典的
斯科訥地區的一種十字繡，
也稱為「長臂十字繡」。
以羊毛線製作，
使成品宛如織物般牢固。

3 從⑦處出針，於⑧處入針，從⑨處出針，重複步驟2至3。

2 1從步驟1刺入的十字繡左下⑤處出針，於⑥處入針。

1 取一股中細毛線，不打結，從稍微有距離的位置入針開始刺繡。

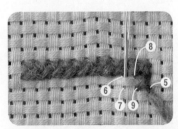

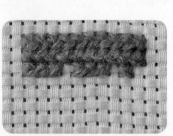

6 從⑤處出針，於⑥處入針。接著按照⑦至⑨的次序進行刺繡。

5 第二段由左至右進行刺繡。首先按照①至④的次序進行十字繡。

4 在右角落入針，列的尾端一定要以十字繡作結。

9 接線並換線，將步驟8刺繡剩下的圖案以十字繡填滿即完成。

8 刺繡到第七段完成的樣子。線頭在背面的線纏繞幾次後收線。

7 不同顏色刺繡的部分，請先跳過這些目數，將相同顏色的部分先行刺繡完畢。

不知不覺就被北歐手工藝吸引……
一起參觀キッカワの工作室。

キッカワ アコ在從北歐的傳統工藝得到啟發同時，也一邊持續展現其獨特的世界觀。以前也曾憧憬過東歐風格的鮮豔用色，但從外文書籍自學中，更加感受到樸素的北歐手工藝魅力。

「其中最吸引我的是織物，但製作織物的事前準備非常累人，於是想以刺繡表現織物的特色，才完成了許多織繡與直線緞面繡。往後希望自己不被拘束於框架中，可以繼續創作自我風格的作品。」

擁有柔和手感
百看不膩的
毛線＆花線

1・2 キッカワ非常講究材料的手感。最近喜歡的是 Jamieson's Shetland Spindrift 生產的毛線＆ Vaupel & Heilenbeck 生產的花線。

受人注目的手作情報！
北歐少數民族
薩米人的手工藝

3 以拉布蘭為中心生活的北歐少數民族「薩米人」，樸質的錫器手工藝品，是他們的傳統工藝。
4 「薩米人們穿著的民族服裝，其獨特的設計，以及簡樸的生活樣態吸引了我。」キッカワ說道。

キッカワ アコ
2004年起以キシカク一名開始活動。由北歐的傳統刺繡與紡織品獲得啟發，在雜誌與網站發表原創作品，並於網路商店販售手作雜貨與手工藝材料。
http://www.kicca.info/

喜歡木頭＆線的
樸質手感

5 充滿暖意的木製家具，以及擺設著北歐工匠精心製作完成的手工藝品，滿是雅致氣氛的客廳。在這個被手工藝溫暖籠罩的空間刺繡，令人感到幸福。

只要裝飾上聖誕樹、聖誕花圈、聖誕老人的主題刺繡小物，
平凡的房間也會充滿聖誕節的氣氛喔！運用紅色＆綠色增加熱鬧感，
以白色布置成白色聖誕風格……盡情享受各種組合吧！

○攝影　渡邊淑克　○造型　前田かおり

現在就開始準備！
裝飾聖誕節の刺繡小物

16 紅色＆金色の聖誕倒數月曆

聖誕倒數的十字繡月曆，
在繡上 1 號至 24 號日期的口袋裡，
放入糖果或小玩具，
直到聖誕夜為止，
給孩子們一天一個樂趣吧！

作法 P.98
圖案 [B] 面

製作＝堀內さゆり
女子美術大學畢業，在版權公司擔任企畫設計師之後，居住於德國五年。回國後以手工藝設計與插圖畫家身分活躍於業界，努力創作溫暖人心的作品。
http://homepage2.nifty.com/biene/

素材提供／DMC（株）

17・18
製作＝石井寬子
在雜誌發表具故事性的刺繡作品。著有《第一次的刺繡課程》、《快樂刺繡課程》（皆為natsume社出版）。
http://cahier.main.jp/

⑰ 裝飾品
⑱ 迷你靠墊

聖誕襪、雪人，
及聖誕花圈的裝飾品，
讓人想多作幾個裝飾在聖誕樹上。
迷你靠墊描繪著聖誕老人，
以及打開禮物的聖誕節早晨情景，
為房間營造明亮的氣息。

作法 P.99
圖案 [B] 面

素材提供
刺繡用布／（株）LECIEN

白色不織布聖誕樹

將四周縫合的兩片布重疊組合，
作成小小的聖誕樹，
只需縫合固定中心，作法十分簡單，
禮物盒與拐杖使用印花布進行千鳥繡貼布完成。

作法 P.100
圖案 [B] 面

19・20　製作＝武部妙子
居住於東京都。自小在母親身邊學會法國刺繡，
體會手作的樂趣，主要發表在拼布上刺繡或加上
貼布的作品。擅長溫和的色調與極具想像力的設
計。著有《用拼布拼綴的17個禮物獻給美妙的
你》（日本VOGUE社）。

素材提供／DMC（株）

and all your Christmases be white.

20 紅色刺繡木框

在聖誕樹前唱歌的天使們，
以紅線刺繡描繪聖誕夜晚的場景，
如同金屬光澤的線材，
為簡單的刺繡增添華麗感。

作法 P.98
圖案 [B] 面

May your days be merry and bright,

㉑ 樂譜框物

將讚美歌「感謝神」的樂譜
運用十字繡鑲成框物，
散落的白色雪花圖案，增添寧靜的氛圍，
圍繞在作品的襯邊，
選用綠色與紅色的聖誕風格，
營造作品的整體感。

圖案 P.117
襯邊內徑 31cm×24.5cm

22 十字繡拉鈴帶
23 燭台

繡著《平安夜》歌詞的拉鈴帶，
以及描繪聖誕樹與聖誕夜街景的燭台。
兩者都是在亞麻織帶上進行十字繡。
這個無架蠟燭是以電池發出橙色的光，
所以能夠安全地享受溫暖明亮。

圖案 [A] 面＝ 23　[B] 面＝ 22
22 ＝ DMC 寬 8cm 亞麻織帶 使用 32ct　39cm×8cm
23 ＝ DMC 寬 8cm 亞麻織帶 使用 25ct
蠟燭直徑 6cm× 高 9cm

素材提供（亞麻織帶、Diamant）／DMC(株)

21・22・23
製作＝澤村えり子
受到喜歡蕾絲編織與洋裁的母
親影響，而喜歡上手工藝。擅
長製作適合大人的溫和色調作
品，自2003年起開設使用原
創材料的自家教室──Atelier
blanc et ecru。

DMCの
X'mas

和 DMC 一起過聖誕！

DMCの十字繡組合
聖誕框&心形裝飾品

白線刺繡的大聖誕樹組合，是每年都大受好評的系列商品。
2012 年以綠色造型登場，
心形的裝飾品使用繡線製作的流蘇為其重點裝飾，
全部都是使用 14ct 的 Aida 布進行單色刺繡，
即使是初學者也能愉快完成喔！

○攝影　渡邊淑克　○造型　前田かおり

製作　聖誕樹＝○海野智香子　心形＝加藤奈保美

DMC（株）
www.dmc-kk.com

右／聖誕樹（綠色）框內徑31.7cm×31.7cm
※外框另外販售
左／Hanging Red Heart 10cm×7cm
（不含繩線・流蘇）

世界刺繡圖鑑

vol.1

民俗風格の寶庫
東歐・卡洛它錫地區の
伊拉繡（írásos 刺繡）

誕生於外西凡尼亞的農村，
由紅色與藍色構成的刺繡世界。

〇取材・文 谷崎聖子
http://tououzakka.exblog.jp/

古時候作為嫁妝製作的床單。可以由此窺見受到文藝復興美術影響，而衍生出的花朵圖樣刺繡。

現在還有少數的老奶奶們，依然守護著伊拉繡（írásos刺繡）的傳統。

刺繡。

有名的，則是其華麗的民俗服裝與

的寶庫聞名於世，而讓卡洛它錫更

當中的卡洛它錫地區，以民俗風格

蹈，還有從中世紀留下來的教堂。

丘陵，洋溢著哀愁的民俗音樂與舞

傳統生活，放眼所及的風景是平緩

牙利人少數民族，維持自古以來的

凡尼亞地區。在這裡為數眾多的匈

爾巴阡山脈綿延於東邊的就是外西

爾巴阡山脈綿延於東邊的就是外西

現在的羅馬尼亞西部，隔著喀

集的紅色綴繡的童話世界，瞬間抓

住了全歐洲女性的心。

瑰、星星等豐富設計的世界，被密

現舒展的自由曲線、鬱金香或玫

它錫的代名詞。透過獨特的刺繡呈

是稱之為伊拉繡的刺繡就成了卡洛

等地的國際博覽會受到讚賞。特別

達佩斯為首，還曾在維也納、巴黎

它錫地區的刺繡，以當時首都的布

時間回溯到1900年。卡洛

在喀爾文派教堂中，滿是由村中女性所製作的伊拉繡（írásos刺繡）裝飾。

伊拉繡（irásos 刺繡）
の
作法

將圖案的模型直接描繪在布上，以前使用玻璃的鋼筆，而現在則是以藍色原子筆為主流。

將鬱金香或玫瑰之類的形狀，各式各樣的模型以厚紙板或金屬製作。

以模型描好主題圖樣後，細部圖案則徒手畫，再填滿空隙。這個補充裝飾的作法，是主題圖樣的密度與維持均衡的技巧，可散發出圖案的獨特美感。

一筆畫出的線，就是伊拉繡（irásos刺繡）的一個刺繡，實際刺繡會看起來更密集。

繡。雖然現在沒辦法製作手織的麻
培的麻紡紗，織成布再於布上刺
就是自己家裡栽種的，並以手工栽
伊拉繡為民間藝術，所用材料
光焦點。
繡）風格的主題圖樣，再次成為目
衣服，還使用著伊拉繡（irásos刺
現代，倫敦奧運匈牙利選手團的
手工藝的類別自成一格。即使在
在一點一滴改變樣態的同時，也在
70、80年代的家庭手工藝流行後，
約30、40年代的手工藝熱潮，以及
伊拉繡（irásos刺繡）經過大

古時候作為嫁妝製作的伊拉繡（írásos刺繡），
現在也是喀爾文派教堂的室內裝飾。

卡洛它錫地區的人們，被伊
拉繡包裹著，慶祝受洗、結
婚典禮的人生新出發點。

在舉行結婚典禮前，寢具、
枕套、床單，新娘都必需親
手製作，並被珍藏保管，這
是由母親傳給女兒的習俗。

點綴生活の
伊拉繡（írásos 刺繡）

world stitch zukan in Transilvania

裝飾床上疊放著手作的伊拉繡（írásos刺繡）靠墊
（右），現在也有小型的迷你墊子作品（中）。

伊拉繡（írásos刺繡）的語源
是匈牙利語的ír（寫・畫），正如
其名，重要的是畫圖案的作業。以
前不管哪個村莊都有畫圖案的工
匠，直接將圖案畫進手織的麻布。
即使到現在，仍有少數老太太會以
傳統的方法畫圖，使用實際尺寸的
模型描圖案，並將細部徒手畫出，
使構圖變得更華麗。

設計的魅力，就在無空隙填滿
的豐富裝飾性。連續的波浪圖樣、
從花瓣延伸的植物結構，可以看見
受文藝復興美術影響的色彩濃厚，
而如鬱金香或墨角蘭，令人感覺受
到土耳其影響的主題圖樣也都可在
此看見，如此的技法在歐洲很稀
有，就像是變化款鎖鍊繡的獨特刺
繡。

刺繡寬度或間隔的取法，會反
映出製作者的喜好，所以完全不會
作出相同的作品。製作者的美感，
賦予作品各自不同的圖案變化，更
透過刺繡製作者絕妙的空間配置方
式，使每一個作品產生截然不同的
個性。

布，但村子的女性們，仍舊珍惜地
使用自古留下的布料，獨特的粗刺
繡線，原本是羊毛，但現在則使用
棉線取代。

以色彩繽紛の
Aida 布製作不規則針插吧!

使用五彩繽紛的 Aida 布,改變上下的顏色,
並在兩面進行十字繡,就能享受雙面可用的樂趣。
由兩片正方形組成,縫法非常簡單,跟著步驟一起作看看吧!

○攝影　大島明子(P.28)　森谷則秋(P.29・P.30)　○造型　植松久美子(P.28)

素材提供／DMC(株)

製作＝
24・27　平泉千繪
(happy-go-lucky)
25　大沼真紀子
26　澤路美子
28　設計／まつもとゆみこ
　　製作／高浪月子

作法全部相同,請參考 P.29 至 P.30
圖案 [A] 面

作品教學
上面是藍色，下面是黃色的Aida布

⟨⟩ 圖案 [A] 面

10 整體塞滿棉花以後，剩下的針目全部進行捲針縫，最後將步驟3、4挑針的最初針目重疊，挑一針後，用力拉緊線。

11 將開始與結束的線頭一起穿進針，在布的邊緣打結。

12 針插入捲針縫的縫目間，往稍微遠離的位置穿出。

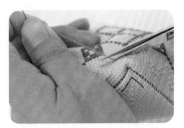

13 將結拉進裡面藏起，左手用力拉線並在布邊剪線。

接 P30

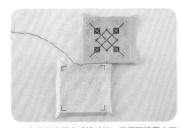

6 上面的角落完成捲針縫。只要不殘留上下的針目，上面的角落（一邊的左端針目）與下面的中心（右旁針目）就會相合。

7 沿著下面的邊與上面的角落摺，繼續進行捲針縫，在角落部分跳過針目，上下皆依序挑每一針。

8 角落部分牢牢拉線拉緊縫目，角落的形狀即可漂亮完成。繼續進行捲針縫直到留下面的一邊。

9 從開口部分放入填充棉，在角落使用棒子塞緊，剩下的針目繼續進行捲針縫，開口變小時再繼續塞緊。

材料（一個的用量）
DMC Charles Craft Aida14ct（55格／10cm）2片15cm×15cm
（教學使用的是Polar Ice 5702與Lemon Twist 3976）
DMC 25號繡線　各色適量
填充棉適量
喜歡的鈕釦或串珠
（教學使用的是2個直徑0.5cm木珠）

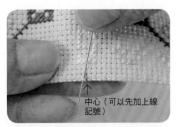

3 針穿線（取兩股刺繡線）。在上面的回針繡一邊正方形的中心（將50格各平分為25針的位置）左旁的針目入針。

中心（可以先加上線記號）

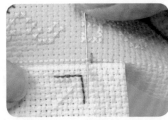

4 在步驟3的中心位置疊合下面的角落，接續下面的回針繡角落的針目（一邊右端的針目）入針。

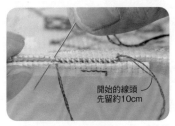

5 繼續依照上面→下面的順序入針，依序挑每一針回針繡的針目並進行捲針縫，請注意別破壞回針繡的針目。

開始的線頭先留約10cm

---

1 在Aida布上進行十字繡，以正方形圍繞的方式，在圖案的指定位置進行回針繡，準備上面、下面的兩片。

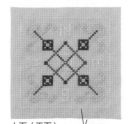

上面（正面）

縫份從回針繡留1cm再剪掉

這個圖案在50×50格進行回針繡

下面（正面）

2 上、下面皆在回針繡的位置往內摺入縫份，摺出清楚的摺痕，難以作出摺痕時可以熨斗輔助。

從上面看

從側面看

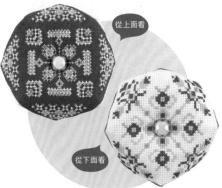

從上面看

從下面看

從上面看

從側面看

只要改變下面的布色或十字繡的圖案，就能變成從側面看也很有趣的針插。

29

完成

上面

下面

用力拉線
使串珠凹陷

16 針穿過木珠，與步驟１５一樣的位置入針，從下方穿出，再重複一次穿線進木珠兩次，往下方穿出針。

17 下面的中心也與步驟１６一樣裝上木珠，用力拉線使中心凹陷，最後在下面木珠的邊際打結再剪線。

14 針插形狀完成的樣子。教學時，為了使讀者容易理解，所以改變回針繡與捲針縫的繡線顏色，實際製作使用同色也OK！

抽針

15 中心裝上木珠，以較長的針穿以兩股線，不抽掉線，在線頭作較大的結，從下方的中心入針，往上方的中心穿出。

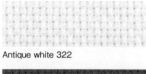
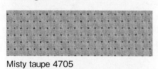

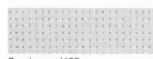

庭院の刺繡生活

青木和子

○攝影　森村友紀　森谷則秋（庭院）

1・2 初次公開的新作。將三色菫這類楚楚可憐的植物作成花圈。
3 裝飾工作室桌子的黑莓。
4 素描時，依色群之分使用色鉛筆或水彩。
5 精緻的素描。寫上些許增添質感的文字也很有趣。

青木和子
自由刺繡設計師。由獨特的感性創作出美麗的植物刺繡，擁有極高人氣。於2013年春天出版最新著作。

青木和子家中充滿綠意的庭院，小徑的布置也很棒。

《青木和子的刺繡日記》

繁體中文版已由雅書堂文化取得，敬請期待！

書中宛如摹寫庭院的一年時光，以季節的植物為主題。以春天是三色菫、夏天是鐵線蓮為主題設計。為了營造素材感，據說也正在開發原創的麻線，漂亮的刺繡可以用在身邊使用的物品或禮物，請您務必期待滿載這些物品的最新著作！繁體中文版已由雅書堂取得，敬請期待！

自由地
將綠色或花朵
無拘無束地刺繡描繪

綠色層次之間色彩繽紛的花朵，以及來訪的小蟲或生物。庭院的一切是點子的來源，青木老師說道。栩栩如生的刺繡，是由實物的素描誕生的。

她記錄細緻的葉脈或花瓣的樣子，以及顏色，有時也會當場配合繡線決定顏色。畫圖時，看得仔細對刺繡時也有幫助，有時也會一邊看著實物一邊刺繡，只在有自然光的時間製作刺繡，這也是青木和子的講究之處。

刺繡後，若不滿意顏色，或是在意均衡就拆掉的情形也很多，「一點一滴組成是我的風格！」她如此堅守信念。

我們問老師：同時擁有刺繡與園藝這兩個畢生事業，並一邊持續美妙設計的祕訣是什麼，她告訴我們：「自己有興趣的都與設計有關。」對編織最有興趣的時候，據說連女兒上幼稚園的包包都是用編織作的！

由一直在身邊的喜愛庭院誕生的美妙作品，也令人倍感期待。

keiko ikeyama

my favorite

1 每年接近冬天時，就會裝飾的聖誕木框。是我很喜歡的THE PRAIRIE SCHOOLER圖案。
2 可愛的俄羅斯娃娃刺繡，是使用Gera!老師的圖案加工而成的。

在日常生活中加入刺繡

在家事與育兒的空閒歇一口氣──即使是一天中僅有的些許時間，
只要拿起針，就會讓每天變得更快樂，真是不可思議。
來看看受到刺繡的啟發，而盡情享受每一天的兩位主婦的生活吧！

○攝影　大西二士男　○取材‧文　梶謠子

for kids

3 兔子主題圖案刺繡，在靠墊上貼花。圖案是Birds of a Feather的Soft as a bunny。
4 長女的幼稚園通學用品也刺上了Gera!老師的女孩圖案。
5 排列許多咖啡歐蕾杯的木框，是Perrette Samouiloff老師的Les bols et tasses。
這是懷長女時留下刺繡回憶的作品。

牆壁上滿滿の裝飾木框

都是珍貴の寶物

「如果有一天蓋了自己的家，我想在客廳牆壁裝飾滿滿的十字繡！」這個夢想實現了。

在美國旅居時
對十字繡一見鍾情！

池山惠子

因為丈夫的工作關係，池山惠子在美國生活了約三年。在此之前，別說刺繡了，她對手作都幾乎沒興趣。

「難得停留在美國，我想多少有效地使用時間，最初是開始學拼布，但不太適應⋯⋯這時朋友帶我去刺繡專門店，於是有了衝擊性的邂逅。」

池山老師目光盯住的是房屋主題圖案的十字繡。她對裡面細緻描繪聖誕節村莊模樣，THE PRAIRIE SCHOOLER的「聖誕村莊」圖案一見鍾情。

「雖然對當時還是初學者的我而言，這算是非常魯莽的鉅作，但我還是熱衷於刺繡中，好不容易才完成作品！那時的我已經完全變成十字繡的俘虜了。」

不需作記號或裁剪，少了這些麻煩的工夫，手上有空的時候，馬上就可以拿出來刺繡，這是十字繡的最大魅力。「即使一天只有少少幾分鐘，都可以變成埋首於興趣的時間，如此正好能轉換心情，也覺得每天過得更快樂了！」

christmas

1·2 加上羊毛氈和蒂羅爾繡帶，就成了聖誕裝飾品。「非常想要改變它的外觀！」池山老師說道。以聖誕圖案裝飾玄關，迎接客人。圖案全來自 THE PRAIRIE SCHOOLER。
3 「與最喜歡畫畫的女兒一邊聊天一邊刺繡，是我最近的樂趣。」

熱衷於聖誕圖案の十字繡！

living

4 以洗澡作為主題圖案的Samouiloff老師的LA SALLE DE BAIN，很喜歡它五彩繽紛的用色。
5 配合季節或活動改變外觀也是樂趣之一，秋天則以萬聖節圖案的刺繡裝飾。

house motif

4 改造的可愛糖果罐，在蓋子貼上繡了房屋圖案的布。

5 繡到一半擱著的「龜兔賽跑」圖案，等到有空了才再開始作。

http://blogs.yahoo.co.jp/keikochan2828

sewing corner

1・3 五彩繽紛又可愛的Gera!老師的圖案。縫製成針插或縫紉機套，就能讓縫紉時間越來越快樂，搭配Fire King的餐具使用。

2 使用底部很淺的抽屜，將繡線分色收拾整理。

因為十字繡啟發了手作的興趣

除了旅居美國的契機之外，還有另一個原因使我熱衷於刺繡，那就是收集Fire King的餐具。逛骨董店，或是拍賣得標，有時則是來自先生的驚喜禮物，發現喜歡的款式，就慢慢收購，到現在已經有幾乎數不完的龐大收藏品了！

「收集物品的樂趣，不管是Fire King還是十字繡都一樣。因為豐富的設計，興趣就沒有盡頭，正因如此，我才會這麼熱衷吧！」

過去我不管作什麼都會半途就膩了，很難長久持續，但只有十字繡，不管怎麼作都不膩，真是不可思議。「一針一針進行刺繡的十字繡節奏，說不定真的很適合自己吧！」

自從了解十字繡的樂趣後，洋裁或製作小物、編織品、飾品，我也逐漸開始挑戰其他的手工藝了，池山老師說道。「能夠像這樣，為我帶來各種手作的樂趣，也是多虧了十字繡！」

kitchen & table

1 皇冠是我最喜歡的圖案之一。
2 布作面紙盒。小花圖案的花邊刺繡，擁有出眾的花朵圖案。
3 刊載於《最好學的十字繡基礎與圖案500》（日本VOGUE社）的兩款迷你墊子。
4 在接合蕾絲布的門簾上刺繡字母。

熱衷の契機是英文字母刺繡

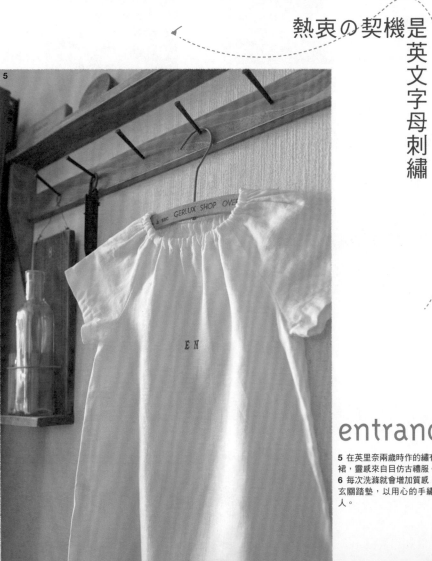

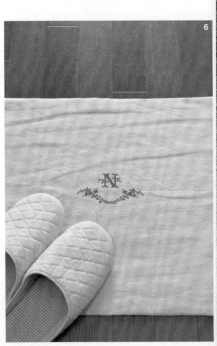

entrance

5 在英里奈兩歲時作的繡有字母的連身裙，靈感來自目仿古禮服。
6 每次洗滌就會增加質感，亞麻布料的玄關踏墊，以用心的手繡作品迎接客人。

1

3

4

living

1 搭配抱枕套製作的窗簾穗飾。小花圖案的裝飾刺繡給人
楚楚可憐的印象。
2 顯眼的復古風格圖案的抱枕套。
3 最近對十字繡開始有興趣的英里奈。「竟然會有像這樣
和女兒並肩刺繡的一天，簡直像夢一樣！」
4 英里奈選用的是音符主題圖案。因為是第一次的作品，所
以特別留戀，接下來打算製作小肩包。

與女兒一起享受快樂の刺繡時間

憧憬復古亞麻的小刺繡
西川ゆかり

身為刺繡作家，在《刺繡誌》裡時常刊載作品的西川ゆかり。除了在活動大展身手，她私底下是兩個孩子的母親，每天過著忙碌的日子。

真正享受刺繡的契機，是長女英里奈的出生。「我本來就喜歡手作，製作女孩子的物品，總是很開心。」這時偶然引起我注意的，就是纖細的字母刺繡，復古亞麻的禮服與廚房清潔布。

「在布小物上自然地刺繡，當我第一次看到字母刺繡時，頓時眼睛發亮『原來有這麼可愛的刺繡！』我自己也馬上模仿看看，因為太可愛，讓我完全入迷了！」

自此以來，她就逐漸被復古風的纖細主題圖案吸引，但對於線的配色也有所講究。「雖然過去嘗試用了各種顏色的刺繡，但合適的還是以紅色或黑色為基調的古典用色，在這些顏色自然地加上蕾絲或圖章，感覺更能襯托出刺繡的美感。」

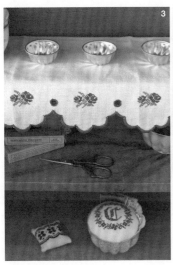

atelier

1 用來作為工作桌的是已經不用的會議桌，以成套的葡萄酒箱代替抽屜。

2 喜歡的作品，與無論何時都引人注意的仿古雜貨一起展示著。

3 可愛的玫瑰刺繡，海扇形的架飾是《刺繡誌》曾刊載過的作品，提升了室內裝飾的華麗度。

客廳一隅是我の工作室

my favorite

4 具有許多隔板的仿古抽屜，最適合用來分類整理蕾絲與繡線材料，收納的內容物也一目了然。

5 光是翻閱就會有幸福的感覺，每一本都是喜歡的外文書。

6 原創的十字繡圖案被剪下來珍藏著。「夢想是有一天製作專屬自己的圖案集」。

7 纖細的刺繡口金包，人氣作品之一，完成的作品可以享受暫時用來裝飾的樂趣。

my stitch

1 白線刺繡的小桌墊，給人潔淨的印象。「最近不光是十字繡，我也逐漸被緞面繡吸引了！」

2 小花圖案的海扇形主題圖案，楚楚可憐的小包，刊載於《花朵刺繡的布小物》（日本VOGUE社）。

3 試作作品時製作的側背包，是平常使用的愛用包。

4 經典的口金項鍊。思考著以小世界為舞台的設計是非常有趣的工作。

http://www.eonet.ne.jp/～cercle/

由興趣開始的刺繡
不知不覺成了畢生事業

最初是為了家人而開始的手作，對現在的西川ゆかり而言，卻是不可取代的存在。不管再怎麼忙，只要找到一點時間就會動手作。「可是，最想優先保留的，還是身為母親的時間，因為希望家人無論何時都保有笑容，為了讓孩子們安心生活，我想盡量待在他們身邊。」

對這樣的西川小姐而言，最近又多了一項樂趣，那就是和英里奈一起分享的刺繡時間。「我們以前都是一起運動，某天她卻突然說想作看看刺繡，讓我嚇了一跳。或許是因為她總在我身邊，學習得也很快，沒想到母女能夠擁有共同的興趣，這實在是令我無比開心的事。」

還有一件讓她很珍惜的事，那就是與手作人們的羈絆。「透過網站或活動，我遇見了許多人，我的網站名稱是Cercle，法語的意思是『圓』或『同好圈』。能夠遇見打從心裡互相鼓勵、互相支持的朋友們，對我來說是一生的寶物，刺繡聯繫人與人之間的緣分，對我而言這正是畢生事業。」

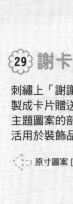

29 謝卡

刺繡上「謝謝」的心意，
製成卡片贈送給重要的人，
主題圖案的部分可以拆下，
活用於裝飾品或杯墊上。

原寸圖案 [A] 面

○攝影　大島明子　○造型　植松久美子

塗上快樂顏色の **刺繡禮物**

為特別的禮物添加充滿心意的刺繡，
讓重要的人收到贈禮時，
露出微笑的手作提案。

特集 **4**

29・30　製作者＝土田真由美

刺繡教室Mayumi Tsuchida Embroidery &
Needlework主辦人。學生時期向從事洋裁的母
親以及學校老師學習刺繡、洋裁、手作的基礎。
2009年旅居NY時創立刺繡教室，2011年回
國，2012年開始在東京進行教學活動。
http://ameblo.jp/mayuny/

For Greeting

30 包裝緞帶

粉紅色是口紅，
綠色則以人魚為意象的設計，
運用水晶玻璃珠添加華麗感。

原寸圖案 [A] 面

解開緞帶後，可以享受裝飾食品或室內裝飾的樂趣。

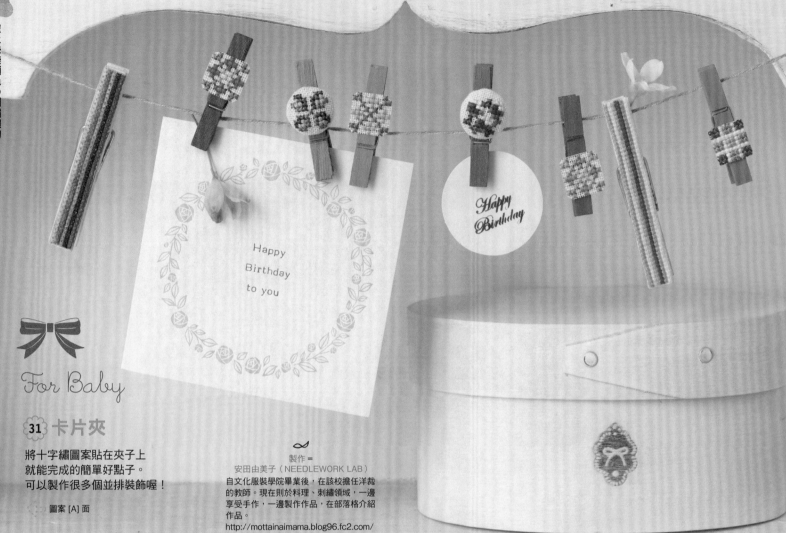

For Baby

31 卡片夾

將十字繡圖案貼在夾子上
就能完成的簡單好點子。
可以製作很多個並排裝飾喔！

圖案 [A] 面

製作 =
安田由美子（NEEDLEWORK LAB）
自文化服裝學院畢業後，在該校擔任洋裁
的教師。現在則於料理、刺繡領域，一邊
享受手作，一邊製作作品，在部落格介紹
作品。
http://mottainaimama.blog96.fc2.com/

32 Baby 繪本

以刺繡製作 Baby 的
一日生活主題圖案吧！
將可愛圖案運用於嬰兒小物，
作為特色裝飾。

作法 P.101
部分圖案請參考圖案 [B] 面

封面的刺繡是Baby的名字與
出生時間、生日，封底則是身
高與體重，成為紀念繪本。

製作 =
岩田由美子（花音舍）
在英國皇家刺繡學校學習，現
以自然為主題圖案發表原創作
品。在鎌倉的SWANY、
VOGUE學園，及東急seminar
BE擔任講師。
http://hanaotosya.com

Halloween

33 點心盒

魔法師與妖怪、傑克南瓜燈……
快樂地刺繡萬聖節的主題圖案！
裝滿點心，
就是能讓搗蛋的孩子也展露笑容的禮物。

作法 P.102
圖案 [A] 面

製作 =
平泉千繪（happy-go-lucky）
以大人取向的可愛高尚作品
為主題，製作十字繡與布雜
貨。主要活躍於網路商店或
寄賣活動。
http://chocobanana.
littlestar.jp/stop/

New Year

34 紅包袋

繡上過年時節幸福圖案的紅包袋，
在裡頭裝進壓歲錢，
將南天竺的果實繡在紅包袋的主體上，
櫻花、羽毛毽子、梅花、山茶花圖案……
則縫於別針用以固定袋口。

作法 P.103
圖案 [A] 面

FUJIX MOCO／具柔軟
彈性的質感，可愛的手縫
繡線。聚酯纖維100%、
全80色、一捲10m。

製作 = 早川靖子
自嵯峨美術短期大學畢業
後，曾任職於紡織品設計
事務所，在福島縣學習桐
塑貼布。製作並販售刺
繡、木刻貼布、插畫的作
品。
http://www4.ocn.ne.jp/
~nenepiyo/

Valentine's Day

35 巧克力磁鐵

尺寸約為 3cm 的巧克力磁鐵，
上頭裝飾了細緻可愛的十字繡，
不管哪個圖案，都緊緊填滿了思慕情意，
紅色的外盒也是親手作的喔！

作法 P.104
圖案 [A] 面

製作＝兒玉奈都子
福岡教育大學綜合美術科畢業，在服裝公
司擔任採購。因為生產而辭職，在育兒的
同時也熱衷於各種手作。

製作＝馬渡智惠美（カエデ）
在自己的部落格「カエデ通信」發表十
字繡與手作布盒搭配的作品，悠閒又快
樂地刺繡是她的座右銘。
http://pub.ne.jp/tsuma/

Easter

36 緞帶托盤

互相凝望著的復活節兔子可愛緞帶托盤，
柔軟的色調，充滿初春意象的十字繡，
解開緞帶就會變為扁平狀，
旅行或外出攜帶也很方便！

作法 P.105
圖案 [A] 面

運用抽紗繡製作
特別日子の禮物

在一生一次的重要日子，以如同蕾絲般的刺繡製作珍藏的禮物。
本單元將為您介紹流傳於挪威的抽紗繡。

○攝影　大島明子　森村友紀（步驟）　○造型　植松久美子

---

37 戒枕

美麗的抽紗繡，
非常適合婚紗，
將它製成一生珍藏的寶物吧！

◁□ 圖案 [B] 面

37・38
製作＝御園二葉

刺繡沙龍hilo負責人。曾任服裝設計師，因結婚辭職後，熱衷刺繡，2003至2007年，在美國Nordic Needle公司主辦的Hardanger比賽連續得到首獎。2005年以在該比賽得到Honorable Mention獎項。現在熱衷於製作交織數紗繡的作品。
http://www.hilo2006.com/

---

38 針插

與戒枕使用相同
作法製作的針插，
為工作室的氣氛
增添成熟氛圍。

◁□ 圖案 [A] 面

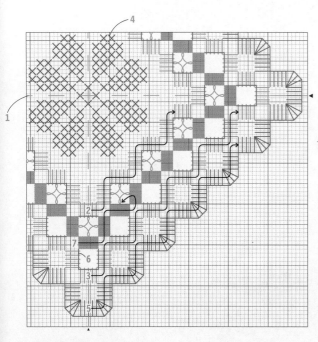

刺繡順序

1 疏縫

2・3 繡兩段緞面繡

4 十字繡

5 釦眼繡

6 抽掉線

7 Hardanger 刺繡

註：此繡法起源於挪威Hardanger這個城市，因此以之命名。

一邊製作針插，一邊抽紗繡の基礎課！

材料・工具
※根據不同的刺繡，
使用繡線的號數亦有不同。

19ct（7.5格／1cm亞麻布）（DAVOSA／Zweigart）20cm×20cm、5號繡線、8號繡線（DMC Pearl Cotton）適量、疏縫用線（容易抽掉的有色車縫線）、縫製完成靠墊5cm×5cm、襯布用亞麻7cm×7cm（先摺出5cm×5cm的縫份）、1顆直徑0.4cm的珍珠串珠、刺繡用剪刀、刺繡框、十字繡針（Clover 20號）

⑮從下方挑兩條線再拉線,重複此步驟。

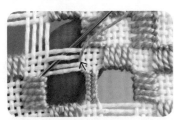

⑯繡至邊端後,避免讓背面的線歪斜跨線,往旁邊的橫線轉彎。

⑰繡到線環四角的四邊針目正中央以後,直接在右下的Hardanger刺繡中央從背面穿出針。

⑱以順時針方向轉動布,並鑽到已經進入的線下方往下一個橫線進行,線環完成後,繼續進行梭織。

收尾

⑲粗略剪掉周圍之後,剪斷釦眼繡周圍的線頭,從正面不留餘地剪掉線頭就看不見囉!

完成

刺繡完成後,從背面使用噴膠並以熨斗整理形狀,背面包裏襯布藏針縫上墊子,中心再裝上珍珠串珠,針插就完成了!

6 抽掉線

剪線位置

嵌進繡框,將布繃緊展開再剪線,一開始沿著黃線,每四條織線就剪斷,然後抽出緯線,接著沿著紅線剪斷經線抽出。

⑩剪斷緯線(剪線位置=黃色)。剪刀垂直入布,一條條剪斷,只要先用布纏上刺繡框就不容易傷到刺繡。

⑪一條條仔細抽出剪斷的織線。

⑫將緯線全抽出以後,經線也一樣依序抽出。

7 Hardanger 刺繡 〔8號線〕

⑬從剩下的織線正中央穿出線。

⑭從上方挑兩條線,拉緊線,用力拉線可讓成品更加精緻纖細。

4 十字繡 〔5號線〕

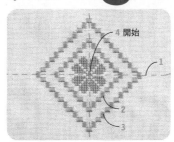

4 開始
1
2
3

⑥將2格×2格當成一針十字繡。從靠近中心的地方開始,完成主題圖案,進行十字繡時,不要轉動布,統一十字的方向。

5 釦眼繡 〔5號線〕

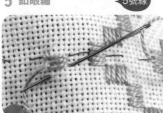

⑦與緞面繡一樣,進行回針繡後起針。為了使收針不明顯,不從角落開始,從五針的正中央開始。

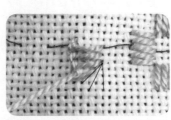

⑧角落在同一個洞繡入五條線,所以訣竅是比其他部分再稍微用力拉緊線。

⑨收針時,覆蓋起針的釦眼繡,鑽進下方下針,與緞面繡一樣收線。

釦眼繡的換線方法

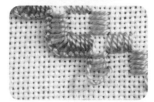

ⓐ如圖與緞面繡一樣收線,因為在角落換線會非常明顯,所以一定要在平坦處進行。

ⓑ將新線纏捲在背面的線作為開始,挑步驟ⓐ剩下的線,繼續進行釦眼繡。

POINT

刺繡前必作的準備

抽紗繡是以橫跨四條織線刺繡為基礎製作圖樣,每四格疏縫,就能避免繡錯。

1 疏縫

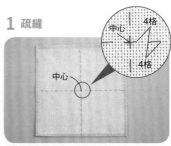

中心
4格
中心
4格

❶在中心用線作4格×4格的記號,再從上下左右各挑針四格疏縫。因為這是之後所有刺繡的基準,所以別弄錯格數,為了避免周圍綻線,先以紙膠帶包住布邊。

2·3 繡兩段緞面繡 〔5號線〕

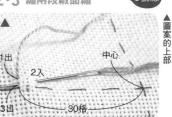

1出
2入
中心
3出
30格
圖案的上部

❷在刺繡隱藏的地方進行一針回針繡,從距離中心30格、疏縫線上2格的洞出針,開始進行緞面繡,挑四條織線在下面的段出針,繼續繡五針。

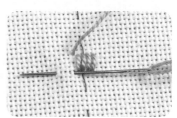

❸五針繡完以後,在背面轉彎,請勿歪斜跨線。轉動布,通常由左往右直線跨線比較好繡。

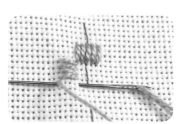

❹重複步驟❸,依照內側的緞面繡(右圖:刺繡順序❷)→外側的緞面繡(❸)的順序各繡一圈。中途要換線時,在繡完五針時進行會比較不明顯。

(背面)

❺在背面的線收針捲曲,不留餘地剪斷。在看不見的地方挑一條布的織線,將線分股收拾就會更加堅固。

以水玉圖案
製作の
皺褶繡

for
GIRL

39 通園通學包

書包的亞麻質地上，
有著五彩繽紛的水玉圖案，
以鑽石＆皺褶繡繡成的褶邊，
不會太過可愛，媽媽也可以使用！

作法 P.106

製作＝東城祥子
日本藝術手工藝協會（JACA）理事。廣
泛研究歐風刺繡，特別擅長使用各種各樣
的線製作傳統刺繡，提倡將其改變為現代
風格。
http://jaca-escargot.co.jp/

40 杯子收納袋

活用皺褶繡的皺褶製成的
杯子收納袋，
跟著左頁的步驟作看看吧！
將水玉的部分作為花芯，
加上雛菊繡就更可愛了！

作法 P.107

點線皺褶繡
拉緊四個水玉
製作小花

※每一朵小花打一個結。

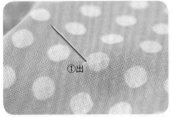

1　打結，在水玉外圈（左）出針（①）。

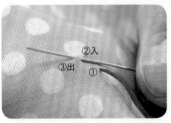

2　在左斜上方的水玉外圈（下）入針（②），並在0.1cm左側出針（③）。

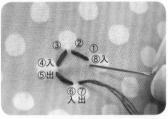

3　如圖從④往⑤刺繡，再從⑥往⑦進行，然後在①的0.1cm下入針（⑧）。

4　稍微用力拉緊，背面打結即完成。

9　依步驟2至8進行刺繡，第一段的最後重複步驟7、8。

10　在皺褶的山形之間露出線的狀態下，將布上下顛倒，第二段也由左到右進行刺繡。

11　連接第一段與第二段的緯線，以上下相同的程度拉緊。

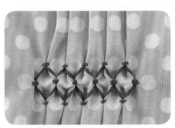

12　最後在背面打結，整理皺褶後，即漂亮完成。

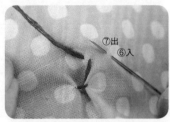

5　在右旁的水玉外圈（左）入針（⑥），並在其0.1cm左側出針（⑦）。

6　稍微用力拉緊線，製作山形的頂點。

7　在右下一段的水玉外圈（右）的0.1cm右側入針（⑧），並在水玉外圈（右）出針（⑨）。

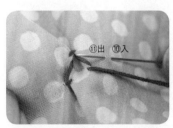

8　在右旁的水玉外圈（左）入針（⑩），並在其0.1cm左側出針（⑪），製作山形。

鑽石・皺褶繡（兩段）
由左至右進行刺繡，
刺繡成山形

※不要縱向拉太緊，請往橫向稍微用力拉。

1　打結，從背面往水玉外圈（右）出針（①）。

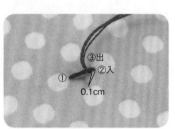

2　在右旁的水玉外圈（左）入針（②），並在其0.1cm左側出針（③）。

3　稍微用力拉緊線。

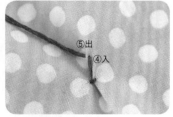

4　在右上一段的水玉外圈（右）的0.1cm右側入針（④），並在水珠外圈（右）出針（⑤）。

41 跑車側背包

富有活力明亮色彩的側背包，
在貼布繡加上回針繡表現出動感，
充裕的袋底側幅，帶出門遠足也OK！
這是可以向朋友誇耀的帥氣搭檔。

作法 P.108
圖案 [B] 面

帥氣の
貼布繡

for
BOY

42 親子恐龍圖案T恤

把不能穿的衣服剪成喜歡的形狀，
一針一針地繡上毛毯邊繡吧！
以繪畫的心情刺繡火焰、獠牙、爪子，
作為T恤的重點裝飾。

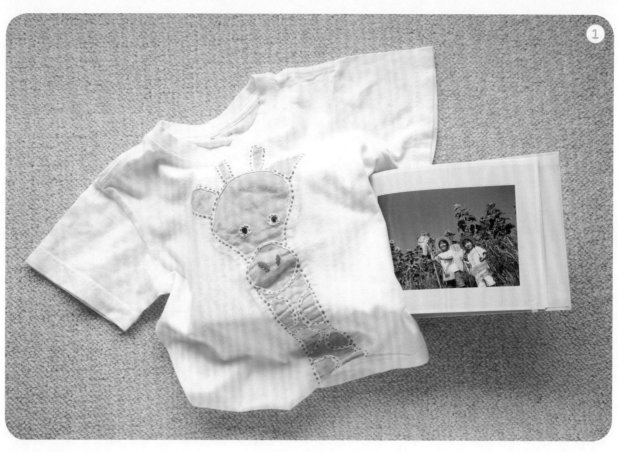

1 連細部都精心進行回針繡的長頸鹿T恤，與夏天的回憶同為重要的寶物。
2「想將令人嘆哧一笑的作品作為禮物。」松尾老師說道。蜥蜴、青蛙、鯊魚、恐龍，男孩子最喜歡的經典主題圖案，也可以是風味不同的高尚作品。
3 寧靜早晨的飲茶時間，是重要的時間，偶爾也會有點子忽然浮現腦海。
4 愛用的裁縫箱，將繡線重新捲過整理。
5 以最喜歡的藏青色當作基底，盡情活用喜歡的布料，可以製作包釦，或是縫在提把的內側……

以刺繡&貼花製作　BOYS單品

製作＝松尾由季
日本女子大學家政學院服裝學科畢業。
育有兩子，已將手作納入生活，從事媽媽手作兒童服、PingPongPearl的製造及販售。
http://www.pingpongpearl.com

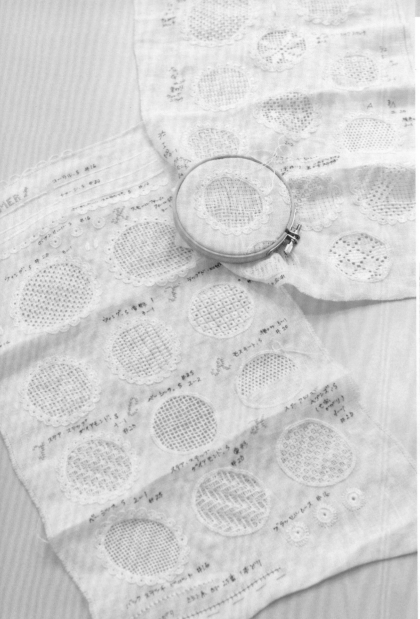

1 圍著課桌的大塚老師與學生。2 指定作業的針插與小包。3 「正在製作白線刺繡的時候也很美呢！」大塚老師說道。4 練習繡法的樣本，一目瞭然的各種刺繡技法。

在圓桌快樂地刺繡

有陽光照耀的明亮室內，圓桌並排的美妙空間，就是刺繡作家大塚あや子老師的教室——studio ECRU。這一天正進行白線刺繡的課程，將二十個學生分成四桌，以Schwalm白刺繡為中心學習各種技法。從刺繡方法的小組練習，到個人著手潤飾作品，課題會以每個人各自的步調輕鬆進行，每張桌子可以與隔壁或對面的學員交流，充滿自由的氣氛，桌子可是特別訂製的呢！「可以在交談間快樂地刺繡，她發現持續刺繡就不會發脾氣，不但可以控制情緒，辛苦的事也能忘記，變得更正向思考了！我變得善解人意，更加積極，讓我覺得坦然自若的態度很好。」

「可以在交談間快樂地刺繡，是一種理想。」——如大塚老師所言，學生之間不只是討論刺繡，寵物、小孩……聊這些時，大塚老師與講師平川老師、鈴木老師也會自由地巡視各桌給予建議。

「這或許是我最喜歡的。」大塚老師說的，是收集了練習繡法的樣本。樣本上以筆寫著每個技法的

將刺繡當作職業傳授

大塚老師總是很開朗，在教室裡的每一個人也很開心。在身為刺繡家的母親身邊，她從少女時期就自然地親近刺繡。長大成人後，曾擔任客艙乘務員，在國外吸收各式各樣的事物，結婚後也曾體會身為家庭主婦的辛苦與育兒的煩惱，但她發現持續刺繡就不會發脾氣，不

自從因興趣而持續的刺繡變成職業開始，我總想著「希望刺繡教學不是貴婦的遊戲，能夠好好得到肯定，可以當作一項職業。」建立公司組織向繳費學習的人傳遞技術，而我也想傳遞樂趣給他們……現在的年輕人也能夠繼承此事業，培養下一代。

名字與號碼，作錯了就直接當作錯誤的樣本，這就是ECRU流。教室的牆面整齊地展示著線、亞麻、工具，還有稀奇的國外線材與籃子、外文書籍等等，陳列著大塚老師精選的質感物品，演繹幸福的刺繡時間。

為了能心情舒暢地度過刺繡時間，教室內每兩個月就會選曲一次，當作背景音樂，這一天是巴薩諾瓦。教室空間裡瀰漫著芳香的香氣，籠罩著舒適的氣氛。學生年紀以四十多歲為主，其中有好不容易撥出時間，去年加入的九十歲初學者，也有國中生，廣泛的年齡層學生也是這間教室的魅力。

大塚あや子
（おおつか　あやこ）

福岡縣出生，曾任航空公司的客艙乘務員，而後為刺繡作家。參加作家活動，活躍於製作廣告作品、營運藝術家工作室、書籍事業多方領域，刺繡教室studio ECRU負責人。
http://www.studio-ecru.com/

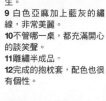

5 整齊展示的教室牆面。
6 製作得很講究的縫紉包。
7 講師平川老師（左），以前是ECRU的學生。
8 講師鈴木老師（中）與學生。
9 白色亞麻加上藍灰的繡線，非常美麗。
10 不管哪一桌，都充滿開心的談笑聲。
11 雕繡半成品。
12 完成的抱枕套，配色也很有個性。

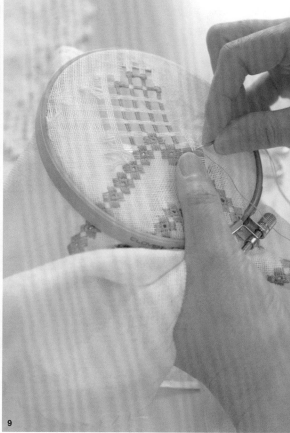

珍惜每一天的生活

大塚老師一年將近有三百天在自由之丘與外地的教室度過。她說，過了六十歲，越來越感到「靈感的天使降臨」，點子總是源源不絕。在自己的作家活動、教室營運、出版事業，每天生活投入全力，但請教老師平常的生活之後，發現她什麼食物都吃，也非常喜歡喝酒，每天早上的早餐是牛奶什錦麥片配一根香蕉、鳳梨或蘋果，還有一杯優格！控制鹽分的飲食，是學自長壽的母親，而且已經持續三年了！

教室課程結束之後，老師會去學爵士樂歌唱、踢踏舞，對其他領域的興趣也無窮無盡。「變成只會刺繡的人很無趣吧！」大塚老師笑著說話的模樣，展現出她的精力來源。

法國結粒繡の漂亮技巧大公開！

鬆軟的立體圖案、動物的眼睛，各種可以利用的法式結粒繡。只要抓住訣竅，就能完美展現作品！

○攝影　森谷則秋　○監修　公益財團法人　日本手藝普及協會

使用工具

關於針

使用末端是尖的法式刺繡針。比平常的法式刺繡使用粗一號的針，就能作出飽滿的成果，刺繡厚布料，或是使用粗線的情況，則建議用chenille針。

關於繡框

請使用可以雙手使用的繡框，藉由鋪開布，可以預防繡線鬆弛。

製作＝○枝村貴子

於大學與專科學校在學時學會製作，現在為公益財團法人日本手工藝普及協會認定指導員。在該協會是刺繡部門本部講師，負責協會主辦講座與VOGUE學園東京校的講座。

➡ 原寸圖案 [A] 面

法國結粒繡　基本繡法（捲兩次）

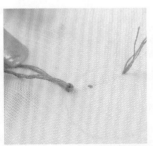

訣竅 4

左手要壓到極限。

7　針從布的背面穿出後，線也要與布垂直往下拉，左手壓住的線要支撐到極限。

若是中途放手……

左手若在步驟4至7之間放手，可能就會如圖成為走樣的結。

8　完成法國結粒繡。如圖，目標是縱向堆積兩段的甜甜圈形狀。步驟1留在正面的線頭穿出背面再剪斷。

4　以左手一邊拉線，一邊在步驟1出針的洞前方下針。

訣竅 2

垂直立針

5　將針對布垂直立起，這時左手如果太用力拉緊，就會變成勒緊的結，所以要特別注意。

訣竅 3

一邊轉針

6　從布的背面拉針。輕輕左右轉針並往下拉，針就會比較好抽出，變成鬆軟的結。

訣竅 1

不打結

1　背面弄平，不打結，在有距離的地方留線，之後在隱密處進行一針回針繡。

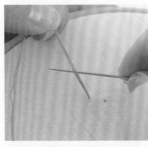

2　別讓線鬆弛，一邊以左手拉，一邊把針從對面放在線上。

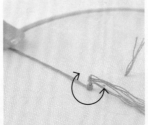

3　往自己跟前扭，以線纏繞針兩次。

各種大小的繡法

同樣是25號繡線取兩股線，都會因為纏捲的次數或針的號數、拉線的情況而能作出各種大小的結粒繡。

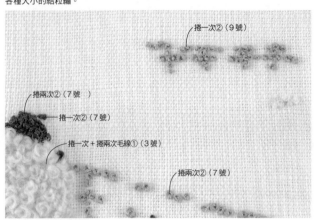

捲一次②（9號）

捲兩次②（7號）

捲一次②（7號）

捲一次＋捲兩次毛線①（3號）

捲兩次②（7號）

※指定以外使用25號繡線。
○裡的數字是線的股數，（ ）裡的數字表示針的號數（Clover）。

結粒繡走樣的例子

訣竅 8

捲到兩次

捲三次以上是肇因，線環的部分就會變成走樣鬆散的結粒繡。基本上以捲兩次為主，再根據線數或種類調整。想刺繡大的結粒時，就使用5號線或毛線，針也比較粗。

線的粗細差別（原寸）

25 號繡線取兩股線

毛線（APPLETON crewel wool）一條

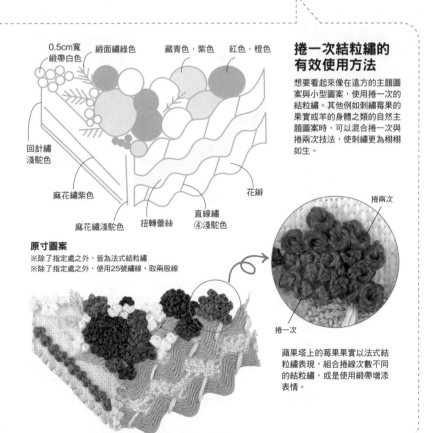

0.5cm寬緞帶白色

緞面繡綠色

藏青色・紫色

紅色・橙色

回針繡淺駝色

麻花繡紫色

麻花繡淺駝色

扭轉蕾絲

直線繡④淺駝色

花瓣

原寸圖案
※除了指定處之外，皆為法式結粒繡
※除了指定處之外，使用25號繡線・取兩股線

捲兩次

捲一次

捲一次結粒繡的有效使用方法

想要看起來像在遠方的主題圖案與小型圖案時，使用捲一次的結粒繡。其他例如刺繡莓果的果實或羊的身體之類的自然主題圖案時，可以混合捲一次與捲兩次技法，使刺繡更為栩栩如生。

蘋果塔上的莓果果實以法式結粒繡表現，組合捲線次數不同的結粒繡，或是使用緞帶增添表情。

繼續刺繡的方法

（背面）

背面不要打結，跨線進行刺繡。為了預防繡線糾纏，跨線1cm以上的線時，建議在背面的線之間跨線，或是收線一次。

訣竅 6

漂亮地填滿表面

羊的頭或身體要填滿廣大範圍時，由外側向內側填滿並漂亮地整理輪廓。

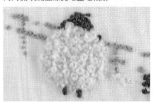

1 與刺繡直線時一樣作出輪廓（綠色）。右手靈活的人，以順時針方向進行會比較順利。刺繡第二列（粉紅色）鑲嵌到輪廓的結粒繡之間，不需要將全部的結粒繡之間都進行刺繡，視均衡調整即可。

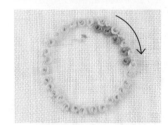

2 第二列的結粒繡之間繡入第三列（茶色）。在間隔有空缺處追加結粒繡即可。

訣竅 7

還原線的扭曲

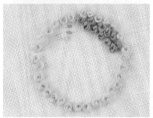

持續刺繡同一個刺繡，自然就會使線扭曲，有時可以從針抽掉線，如圖重新處理，就能預防纏住的結粒繡變得太緊。

訣竅 5

繡出漂亮的直線

在不碰到前面的刺繡極限處出針。出針的位置、下針的位置正確位於圖案線的中央。統一左手拉線的程度，使結的大小一致，看起來會更像直線。

出針的位置

下針位置

只要統一以左手拉線的方向，刺繡的方向就會一致。製作基本的繡法步驟5時，注意將針往正左方拉。

失敗的時候⋯⋯

繼續刺繡的途中只有一粒失敗的情況，就確認結釦是否鬆開了！如果是會鬆開的堅固程度，以末端是圓的十字繡針仔細解開，就能預防線起毛。如果是不會鬆開的堅固程度，又有點緊，就從穿出線的洞往背面拉出，在這裡收線，然後以重新準備的線開始刺繡吧！

手作家　森田悅子（圖中）
在Ecole Lesage刺繡學校學習，師事曾多次在法國傳統白線刺繡獲獎的瑪丹・巴羅。學習法國的傳統quilt boutis以及手作布盒。每年在日本舉辦展覽會、講習會。現於法國主辦法國的quilt boutis、刺繡、手作布盒的教室。
部落格「來自巴黎的手工藝訊息」
http://aiguille.exblog.jp/

森田悅子の刺繡人生

探訪旅居法國二十年的森田悅子，充滿巴黎精華的生活＆刺繡作品。

○攝影　渡邊淑克（P.55）　森田悅子（P.54）

4 在歌劇院的Des fils et une aiguille。
5 可愛鈕釦與刺繡材料商品多樣的店舖。
6 右邊是老闆。

1 森田老師居住城市的舊市政府建築物。
2 週末會去的Marché（市場）的起司店。法國有將近400種的起司。
3 陳列在日本人經營的古董店Chez dentelles的手工藝材料。

在喜歡的店家找到的手工藝材料。

Étienne Marcel地下鐵的車站入口。

巴黎有美麗的風景、歷史、人們，全法國美妙刺繡的店家林立，是愛好刺繡者憧憬之地。森田悅子老師自這樣的巴黎為我們獻上美妙的作品。

森田老師從小就非常喜歡針線活兒，暑假的自由作業，一定是提交針線活的作品，長大以後也持續製作最喜歡的十字繡、自由刺繡等作品。某天她被手上雜誌刊登的法國作品吸引，於是在二十多年前啟程到法國，開始了在法國的生活。

當時完全沒有工作坊課程之類的情報，她去逛手工藝店，用自己的雙腳蒐集刺繡教室的情報。於是，她在週末會去的跳蚤市場，遇見了精緻的刺繡字母桌布、boutis、手作布盒的作品，更加深了對針線活兒的感情。育兒結束後，她實現了到高級服裝店的刺繡

54

✿43 刺繡樣本

將各種刺繡整理在一片布上的樣本，
為使樣本變得更加可愛，
在繡線顏色與花瓣也下了功夫。

參考作品
25cm×16cm

✿44 四角形＆圓形針插

將各種刺繡當作樣本，
繡在四角形針插上，
模樣可愛又像是點心的圓形針插，
則是混合了同色系的線進行刺繡，
呈現出立體感。
與手作布盒的托盤搭配，
就變成漂亮的縫紉專櫃。

針插……作法・圖案 P.109

學校Ecole Lesage就學的願望。
學習新的技法、體驗法國的藝術世
界，對於美的展現，她強烈感覺到
刺繡的美感很重要，之後進而學會
了白線刺繡、boutis、手作布盒等
技法。

女兒和兒子以前也會一起刺
繡，所以也曾有過家人一同享受手
作的時期。

「透過在法國的生活，我學到
了法國人將自己一針一線刺繡的作
品，作為家中室內一部分裝飾的樂
趣，他們的選色也令我十分佩服，
希望能透過我的作品分享法國人才
有的享樂方式。」

現今的森田老師也持續來往於
法國與日本之間，持續傳遞刺繡的
魅力。

美麗の傳統圖案&基礎圖案

小巾刺繡的基礎圖案，以素雅的質感傳遞給現代人溫暖的魅力。
本章節也配合作品介紹詳細的繡法。

○攝影　大島明子（P.56）森谷則秋（P.57・P.58）　○造型　植松久美子（P.56）

✿45 紅白小物包

小巾刺繡的基礎圖案，
都擁有津輕方言的名字，
這個小包刺的是井框、蝶舞、
花子、石疊四種基礎圖案，

P.58 介紹了一邊繡井框，
一邊學小巾刺繡的基礎，
作法・圖案 P.112

p.56-57
製作＝鎌田久子

✿46 雙色刺繡の迷你布墊

以靛藍色系的濃淡刺繡
貓足、黑子、三之流
的迷你墊子。
傳統圖案是個別完成的，
是初學者也很
容易上手的作品。

作法・圖案 P.110 至 P.111

素材提供
小巾線／Olympus製絲（株）

名字也很可愛の傳統圖案

小巾刺繡組合了各種大小的傳統圖案描繪出幾何圖形。

橫的中心的段（鉈）為奇數，隨著往上下移動，每次減少兩針，最後上下都以一針作結的菱形圖樣為基礎。

因此大部分傳統圖案的針數是奇數。

流傳於津輕地方的傳統圖案有一百種以上，許多皆以動物或植物，以及生活事件為主題圖案。

此外，津輕方言具有在名詞的語尾加上「こ（っこ）（譯為子，讀為 ko 或 kko）」的特徵，所以也有許多像「花子」、「豆子」這樣加上「子」的傳統圖案。

特別附錄 [A] 面

（圖片為原寸）

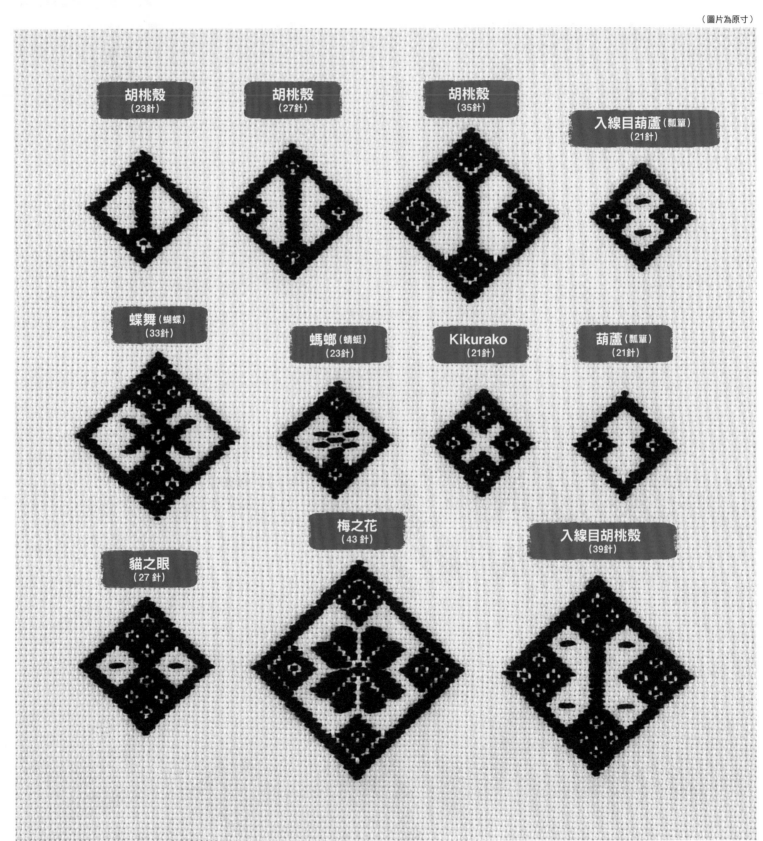

胡桃殼（23針）
胡桃殼（27針）
胡桃殼（35針）
入線目葫蘆（瓢罩）（21針）
蝶舞（蝴蝶）（33針）
螞螂（蜻蜓）（23針）
Kikurako（21針）
葫蘆（瓢罩）（21針）
貓之眼（27針）
梅之花（43針）
入線目胡桃殼（39針）

※即使是相同圖案的傳統圖案，也會因為資料或作家不同而有不同名稱，此外相同名稱也可能有好幾種圖案。

小巾刺繡「井框」

（P.56小包使用的圖案）
○課程指導　鎌田久子

（圖片為原寸）

井框
小巾刺繡圖案的特徵是夾著橫向中心的段上下對稱。

左上圖表：
33針（1條橫向掛線＝1條織線）
33針（1條縱向掛線＝1條織線）

①繡中心
②從中心繼續繡上半部
③繡下半部圖案與上半部對稱
③（接新的線）
（鈝）

材料＆工具　布・線・針

素材提供
布・線・針／Olympus製絲（株）

congress（圖片為原寸）

○計算布目刺繡的小巾刺繡使用平織的布。刺繡專用的congress 是棉100% 的平織布（18ct、70 格／10cm）。將圖案對照縱向布目刺繡，沒有布邊的時候就試著拉扯確認布邊。

○線材使用組合六條棉線無光澤質感的小巾線。

○使用不會分割線，針尖是圓的針（也可以使用十字繡針取代）。圖中的小巾針是適合運針的長度，十分容易使用。

布（縱目向）
（橫向）容易伸展

---

1 從橫向中心的段刺繡。從中心算格數出針，按照圖案挑針布目刺繡。

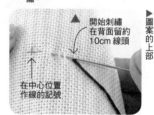

開始刺繡在背面留約10cm線頭
在中心位置作線的記號
圖案的上部

2 難以挑針的時候，中途抽針也OK！以右手牢牢壓住針目拉線。

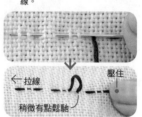

←拉線
稍微有點鬆馳
壓住

3 小巾刺繡的重點「整線」

習慣之後接續一段的針目挑針。橫向中心的第一段稱為「鈝」，成為整體的基準。開始刺繡的面，將最初的針目與布一起壓住，刺繡結束的面，則拿著針目的延長線上的布，左右繡緊拉布。每繡一段就重複這個「整線」作法，縫紉收縮的線就會伸展，而使針目整齊。

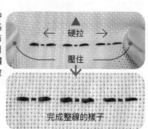

←硬拉→
壓住
完成整線的樣子

4 首先繡圖案的上半部。因為通常由右往左繡，所以第二段要將整塊布上下顛倒拿著。

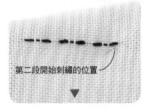

第二段開始刺繡的位置

---

5 在背面第一段與第二段之間跨的線，直到最後不拉斷，稍微讓線有些鬆弛。

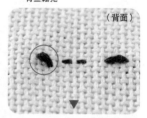

（背面）

6 與步驟2、3一樣依照圖案挑布目刺繡，並整線，繡第二段。

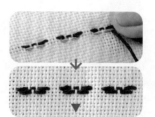

（正面）
（背面）

7 下一段也再次將布的上下顛倒拿著，與步驟4至6一樣由右往左刺繡，重複此步驟。

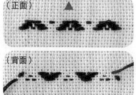

（正面）
（背面）

收線の方法

②上下倒置，握住布的上下端，然後在下一段的線沒跨線的部分挑2、3針。拉線後在布緣剪斷。
（背面）

①繡至三角形的頂點後，將背面的線沒跨線的部分由右至左挑2、3針的分量，再拉線。
（背面）

---

8 圖案最上面一針的部分，不挑針抽出針再入針，針目就不會藏起。

（正面）

9 刺繡圖案的下半部時，接上新的線，一開始挑針背面的線沒有跨線的部分。

（背面）
挑針2至3cm

10 線頭拉到沒有餘地露出布緣的程度，請注意別拉扯的太大力而脫落。

（背面）
←拉線

③開始刺繡的線頭也同樣挑針2至3cm，整理背面的線沒跨線的部分。
（背面）

完成收線的樣子
（背面）

---

11 與上半部一樣，一邊更換的上下方向，一邊按照圖案挑針布目刺繡。

繡到最後收線，即完成「井框」圖案。

（背面）

（正面）

線打結の時候……

以指尖拔線
牢牢壓住

③牢牢壓著②的位置，以指尖夾住線，從根部拔線至線頭，整理剩下的線。

②牢牢壓住打結的靠自己面（右邊）的針目，拉出打結時的針目的線。

①取六股線時，中間還剩下幾條，或是打結時的整理方法。

自己作布小物 & 外出包 & 手作服絕對OK!

新手一定要擁有の
最強手縫初學聖典！

初學手縫布作の最強聖典！
一次解決縫紉新手的入門難題：
每日外出包 × 布作小物 × 手作服
＝29 枚實作練習

高橋惠美子◎著

平裝／120 頁／21×26cm／彩色
● 定價 350 元

日本人氣名師高橋惠美子
將多年的教學經驗，集結成縫紉初學者，入門必學的手縫技法，
貼心的從基礎縫法講授，
並應用於29件實用的生活布品上，
打造縫紉新手入門必備的最佳學習用書！

接合、排列、享受傳統圖樣……

kogin.net の 基礎圖案遊戲

小巾刺繡
の樂趣
2

改編小巾刺繡的傳統圖樣，kogin.net 全新的小巾刺繡提案，
以紙或壓克力纖維、紗窗等布料以外的素材製作，十分引人注目。

○攝影　森村友紀（取材）

1 小巾刺繡的表線使用白色串珠，布料的部分則以黑色串珠表現。
2 自由地在紙上配置小巾刺繡圖樣。
3 刺繡作品之前，嘗試以刺繡玩味配色與素材。
4 網眼狀的鞋子上也有小巾刺繡。「只要是能計算目數的素材，什麼都能繡喔！」

珍惜先人的智慧
想帥氣地傳承下去

使用壓克力纖維板的立體作品，以及紙上的圖形花樣，以嶄新的手法表現「小巾刺繡」，這是kogin.net的山端家昌提倡的絕活。現代的設計作品以傳統圖樣為基礎，「想要一邊守護傳統，一邊努力製作能讓年輕人也感到心跳的作品。」山端老師說道。

青森出身的山端老師，在高中時遇見在舊和服上的小巾刺繡，被那種簡單的精緻度吸引，自此以來，他便實際製作小巾刺繡的作品，也蒐集、整理來自和服與古老傳統圖案的資料。據說他蒐集的傳統圖形數量有三百種以上。傳統圖形的名稱由螞蟻（蜻蜓）與貓的眼睛（貓之眼）這些身邊的動物，到刺錯的命名，由父母口耳相傳給孩子，我認為它們是「圖樣的綽號」，也能夠感覺到這種先人的魅力，也是小巾刺繡的魅力之一。從先人生活的智慧產生的文化，以適合時代的形式繼承──山端老師流以「留傳傳統方式」創造出小巾刺繡的新魅力。

拿起針實際體驗樂趣

除了作品的展覽，山端老師也舉辦工作坊與古作小巾刺繡研究會，
老師表示：「想要帥氣的持續下去，也想把刺繡的樂趣傳遞給年輕世代。」

在工作室刺繡的山端老師，以古書為設計參考，使想法更為廣闊。

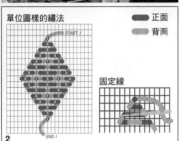

單位圖樣的繡法

■ 正面
■ 背面

START /

END /

固定線

1 舉辦工作坊，傳達實際製作的樂趣。
2 工作坊或材料包的說明圖活用圖解設計，讓初學者也能容易理解。
3 蒐集的傳統圖形有三百種以上。依照大小進行整理。
4 使用壓克力纖維的小巾刺繡作品，在開孔的壓克力纖維板穿線，與在布上刺繡的原理相同。

以素材與傳統圖案的排列方式，成為原創的kogin

舊和服上的小巾刺繡，雖然也很漂亮，但可以改造成更輕鬆覺得「想作看看」的作品。
精心鑽研顏色、素材、質感、製作的新小巾刺繡作品命名為kogin。

DMC Color Variation線／
一條線有多種色彩，賦予作品個性與生命感的漸層線。
25號線，全60色，棉100%。

5 以金蔥線在紗窗素材上進行小巾刺繡，透光時，就會使光芒更為顯眼。
6 選用亞麻布與金蔥線展現少女風。日本的傳統圖形看起來卻像是西洋風，真是不可思議。
7 將小巾圖案的紙活用在迷你包與書衣上。
8 將自古施作在農作衣上的小巾刺繡，繡在守護農作物的素材「寒冷紗」上。
9 傳統圖形的名字是「花子與豆子的線刺」刺在透明的素材上，看得見背面的線，宛如浮雕的效果。
10 傳統圖形「花子的入柱」。

山端家昌（やまはた　いえまさ）
kogin.net負責人，手作設計師。高中時遇見津輕小巾刺繡和服，以設計師的觀點努力研究＆應用小巾刺繡的圖樣，將生存於現代的小巾刺繡圖樣命名為kogin，透過kogin.net向世界發送其魅力。
http://kogin.net/

47 kogin蛋糕包

組合傳統圖形「結花」與「豆子」製作的蛋糕圖案，
生動活潑的漸層線，搭配黑色底布，讓作品更顯眼。

作法・圖案 P.110 至 P.111

○攝影　大島明子
○造型　植松久美子

基礎縫紉 LESSON　加上裡布の包邊處理

「雖然非常喜歡刺繡，繡完也只是裝框而已！」你曾有過這種經驗嗎？本單元介紹可以應用在掛毯或杯墊、墊子等物品，
簡單包邊的兩種方法，加上裡布，就可以遮住繡布背面的線囉！

○攝影　森谷則秋（P.62 作品）森村友紀（步驟）

※十字繡圖案刊登於法國出版社的著作（MARABOUT）」。

選擇裡布的重點　注意花色「透光」！

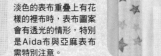
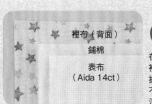

△　淡色的表布重疊上有花樣的裡布時，表布圖案會有透光的情形，特別是Aida布與亞麻表布需特別注意。

◎　在表布與裡布之間夾鋪棉，裡布的圖案就不會透光。根據鋪棉的厚度或裡布的花色不同，有時會有透光的情況，縫製前要重疊確認。

從返口翻回正面，整理形狀，以藏針縫縫合返口，完成了！

連初學者都覺得簡單！「縫合四周翻回正面」の縫法

4　在縫線處的位置將表布與裡布的縫份往表布正面摺，以熨斗仔細燙過摺痕，就可以漂亮地翻回正面。

3　剪掉多餘鋪棉。剪齊表布與裡布的縫份約1cm。

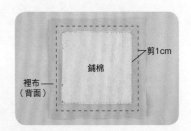

2　翻回正面時，為了使外形漂亮，只在縫線處的邊際裁剪鋪棉，避免將表布與裡布一起剪斷。

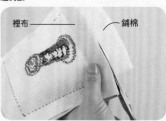

1　將表布（有刺繡的表布）與裡布正面相對疊合，下方疊上鋪棉，留返口，縫合完成線。

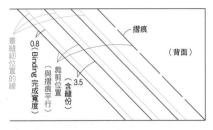

摺痕
（背面）
0.8（Binding 完成寬度）
裁剪位置（與摺痕平行）
3.5（含縫份）
畫縫紉位置的線

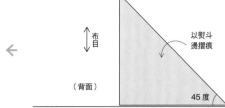

布目
（背面）
以熨斗燙摺痕
45度

滾邊布の裁法

作平行線記號時，使用有方格刻度的尺，就會非常方便。裁剪滾邊布的寬度大概是成品的四倍寬度（這裡加上若干鋪棉的厚度，成品寬度是0.8×4+0.3=3.5cm）。

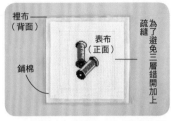

裡布（背面）
表布（正面）
鋪棉
疏縫（為了避免三層錯開加上）

3 在表布（有刺繡的表布）的正面作完成線（縫上Binding的線）。從這條線往外0.8cm寬作Binding的記號，下方重疊鋪棉，裡布進行疏縫。

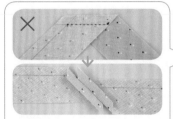

× NG例子
沒有錯開兩片滾邊布的縫份就縫合，攤開時，兩片布的完成線就會錯位，請特別注意此點。

（背面）

2 攤開滾邊布的縫份，剪掉多餘的縫份。

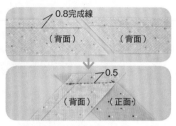

0.8完成線
（背面）　（背面）
0.5
（背面）（正面）

1 縫合滾邊布需要的長度（大概是一邊的長度×4+10cm）。在布邊的傾斜處錯開裁剪部分的縫份，正面相對疊合縫合。

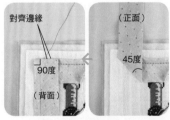

對齊邊緣
（正面）
90度
（背面）
45度

7 將步驟6回針縫的角落作為起點，45度向上摺滾邊布，繼續讓角落成90度向下摺，摺山的對摺在滾邊布的布緣對齊再摺是重點。

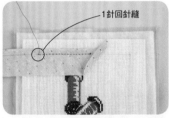

1針回針縫

6 如圖從往回摺的縫份開始縫合完成線上方，扎實地出針，並縫至裡布，縫至角落處，進行一針回針縫。

滾邊布（背面）
表布（正面）

5 表布與滾邊布正面相對疊合，對照完成線，在始縫處別上珠針，滾邊布的邊端先往回摺1cm左右。

4 因為希望接合的部分不要置於角落，所以沿著表布的完成線放上滾邊布，調整始縫的位置。

重疊3cm

11 剩下的三個角落也與步驟7至10一樣作法縫紉，最後與開始縫的縫線處重疊約3cm，斜向剪斷滾邊布。

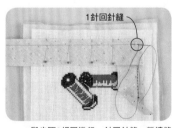

1針回針縫

10 與步驟6相同進行一針回針縫，繼續縫下邊。

9 將步驟7摺出的滾邊布角落立起，從完成線的記號對記號將針穿過。

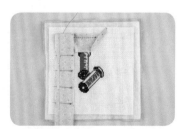

8 下邊也對照表布與滾邊布的完成線別上珠針。

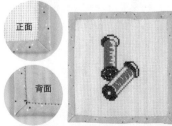

正面
背面

四邊的滾邊布藏針縫好就完成了！表、裡四個角都是直角，角上會有一條45度的線。像這樣用其他布把四周包裹整理的方法就稱為Binding。

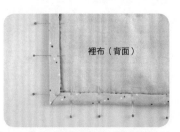

14 其他三邊也與步驟13一樣摺滾邊布，以珠針固定。角落要整齊的摺進去，訣竅是整理的像是畫框一樣，細密地以藏針縫藏住步驟11的縫線處。

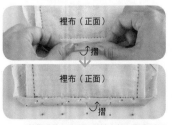

裡布（正面）
裡布（背面）
摺
裡布（正面）
摺

13 將裡布放在上面，滾邊布轉一圈翻回正面。將滾邊布對齊在步驟12剪掉的整體邊緣摺疊，然後再往上包裹整體的邊緣，以珠針固定。

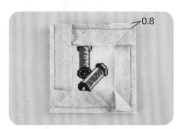

0.8

12 表布、鋪棉、裡布多餘的縫份對照滾邊布的邊端剪斷，這樣一來，整體的縫份就統整為Binding寬度的0.8cm了！

懷舊＆可愛の刺繡再發現！
刺繡檔案

「VOGUE 刺繡圖案集」
1981年發行

你曾想起小時候在洋裝或客廳的室內裝飾看到的刺繡圖案嗎？
珍藏在書架的資料中，
有許多現在看來懷舊又可愛的圖案！
本書帶你一起回味令人懷念的內容，
以及全新的刺繡作品，
附錄刺繡圖案集也刊載了許多圖案，
請務必嘗試看看喔！

○攝影　森谷則秋　森村友紀（書）○刊載頁面的圖案設計　ILSE BRASCH
書籍已經絕版。

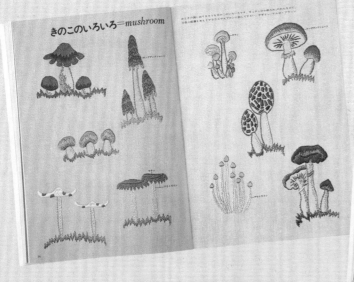

懷舊の蘑菇徽章

可愛的蘑菇圖案徽章，
其配色盡可能忠於原圖，
充滿懷舊感又討人喜愛的作品！

特別附錄 [A] 面
10cm×8.5cm（右）　8.5cm×6.5cm（左）

製作＝安藤のりこ

滿載花の圖案

連綿花邊狀的花朵，適合繡在角落的花朵，將花朵圖案設計成各式各樣的形狀排列呈現。當時書上沒有附設計圖，只在照片寫上主要刺繡的名稱而已，讓讀者自己臨摹設計圖再進行刺繡。

花朵刺繡手帕

將適合單點裝飾的花朵圖案，
刺繡在手帕的角落，
白色緞帶與紫色花朵的配色，
歷經三十年，迄今魅力依舊。

特別附錄 [A] 面

製作＝安藤のりこ

此書還收錄了魚、鳥、蝴蝶、小孩等圖案，也刊登了十字繡的圖案，全都是有趣的圖案。發行時間是1981年，也正是黛安娜王妃完婚、法國開始營運TGV、黑柳徹子小姐的《窗口邊的小荳荳》大暢銷的那一年。

絕妙編排的字母主題圖案

字母主題圖案在當時也是人氣項目，設計與配色都很時髦，故意不刊出所有字母，也特別有吸引力。

有★記號頁面的圖案請參考特別附錄[A]面

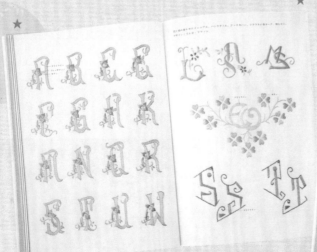

イニシアル＝initial

SAJOU

Maison Sajou
巴黎人氣刺繡店

19世紀法國刺繡圖案與手作工具的復刻商品代表，就是受歡迎的 Maison Sajou。
就以魅力十足的刺繡材料，製作古董風格的作品吧！

○攝影　蜂巢文香　○撰文　玉置加奈　○合作　日本鈕釦貿易（株）

48 Sajou 圖案線捲盒

適合收納 Sajou 商品的線捲布盒，
以 Sajou 的 logo 圖案印花布同色的線，
刺繡的「COUDRE（縫）」花體字，
是選自於左邊的圖案集。

作品使用材料：
彩色亞麻布（sand）、圖案集
n653、Sajou布料的logo圖案

製作＝井上ひとみ
布盒作家。擅長裝飾刺繡的手作布盒，在東
京都三鷹市的自家開設手作布盒教室
CuuTO，也在目黑區（都立大學是最近車
站）、港區，（赤坂是最近車站）開講。
http://www.cuuto.jp/

49 花圈圓盒&收針盒

紫羅蘭、玫瑰、罌粟花……西洋自古以來就很有人氣的花圈圖樣，
常為主角圖案刺繡在有色亞麻上，成為漂亮的刺繡商品。

作品使用材料：
彩色亞麻布（左起
white、cyclamen、
pink）、圖案集n912

50 花&蕾絲圖案包

花與蕾絲的布邊印花，
可以將美麗的圖案繡在淡綠色的亞麻布上，
也可以配合紫色的亞麻布營造成熟的氣息，
加上牢固的圓底，就是一款實用的包包。

作法 P.114　圖案 [A] 面

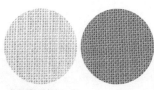

作品使用材料：
彩色亞麻布（左起pearl grey、
thyme）、圖案集n658

製作＝田中智子
以包包為主，製作添加在洋裁、刺繡或蕾絲上
的布小物，在網站與手工藝雜誌傳遞手作的樂
趣。著有《一天完成！用Liberty Print花布製
作的連衣裙&束腰上衣》（辰巳出版）。
http://www6.plala.or.jp/natural_tw/

51 古典圖案針插

從載滿古典設計的圖案集選出
鳥、狗、植物刺繡，
在重點裝飾加上蕾絲或首字母飾帶、
流蘇等華麗的造型。

參考作品 10cm×10cm

作品使用材料：彩色亞麻布
（上起sand、cherry、
frog）、圖案集n907。

52 Mercerie 小物包

以巴黎的刺繡店為意象，
刺在藍色亞麻布上的藍 × 紅刺繡，
是原創的設計，
單點裝飾刺繡的左邊小物包，
與古董風的線捲圖案為一組。

作法・左邊的圖案 P.115
右邊的圖案請參考圖案 [A] 面

作品使用材料：
彩色亞麻布（左起 sand、sajou
blue）、Sajou 布料的線捲圖案

製作＝岩本晶美
以十字繡為主製作布小物。網站名
au bon gout 是法語「上等又有品
味的東西」的意思，取自巴黎手工
藝店之名。
http://aubongout.fc2web.com/

53 巴黎風口金包

艾菲爾鐵塔、貴賓犬、鳥，
繡上巴黎主題圖案的彈口口金包，
加上緞帶圖案呈現時髦感，
Sajou 擁有豐富的彩色亞麻布，
可以配合印花布選擇顏色製作。

作法・圖案 P.116

作品使用材料：
彩色亞麻布（上起順時鐘 cherry、
slate grey、off white）、Sajou 布
料的緞帶圖案

製作＝
平泉千繪（happy-go-lucky）
以製作大人取向的可愛高尚作品為
主題，製作十字繡與講究用布的布
雜貨，主要活躍於網路商店或寄賣
活動。
http://chocobanana.littlestar.jp/
stop/

製作＝加藤奈保美

54 拉丁字母樣本

以花、花邊、拉丁字母
彙整成經典設計，
是長時間受到喜愛的 Sajou 圖案之一。
翻閱這一本圖案集，
可以享受八種拉丁字母
樣本的設計樂趣。

参考作品

作品使用材料：
彩色亞麻布（off white）、
圖案集n102

引人注目の Sajou 彩色亞麻布！

紫色、藍色、粉紅色、
紅色、綠色，除此之
外，顏色齊全的Sajou
彩色亞麻布，可以完成
與天然亞麻布完全不同
氣息的魅力作品，
32ct刺繡的感覺也很
順暢。

極具魅力の Sajou 原創布料

排列Sajou的logo，新鮮的設計擁
有超群的刺繡相合度，可以襯托刺
繡。全9色、棉質。

將方格花紋、花朵圖案、Sajou的
logo設計成緞帶狀，直接使用或是
剪下都很棒。全5色、棉麻。

排列線捲印花的布料，忠實重現古
董氣息，光看就很開心的一塊布。
全5色、棉麻。

Crochet Lace in Antique Style

Book Information

48 款甜美風
實用鉤織小物人氣登場！

用一根鉤針挑動手作人最愛の復刻浪漫

看似平凡素雅的生活用品，因為蕾絲鉤織，也變得更具有高雅質感了呢！

非常推荐喜愛鉤織的朋友們使用本書，它一定可以為妳帶來更多創作靈感喔！

甜美蕾絲鉤織小物集
48 款手作人最愛の
復刻感蕾絲鉤片

日本 VOGUE 社◎著

平裝／96 頁／21×26cm／彩色＋單色

● 定價 320 元

55 花朵

56 水滴

57 記事本

▷◁ 圖案 [A] 面

引人注目の刺繡收納術！

可以整理保管刺繡線的方便收納組。

新開發的花朵、水滴、書籍等，是木製的原創商品，可以貼上刺繡作品，用來裝飾房間也很開心！

○攝影 三浦明 ○撰文 玉置加奈 ○合作 日本鈕釦貿易（株）

55・56 製作＝小寺綾子
57 製作＝渡部友子

裝上皮繩
就能直接裝飾

以刺繡點綴の
時髦收納組

可以整齊地收拾容易零散的繡線，是收納組的最大魅力。因為可以將刺繡穿孔後，一條條抽出，所以用來收整繡到一半的作品線，十分方便。紙製的雖然很流行，但最近在國外木製的也很受歡迎。有圖案的也稱為「hornbook」，是根據小孩們以前學習拉丁字母時，貼紙使用的器具木板為意象設計而成。

如圖片所示，刺繡完成的作品，只要包上厚紙板貼於主體上，任誰都能簡單完成。當作室內裝飾雜貨裝飾也很時髦的收納組，請務必挑戰看看！

日本鈕釦貿易（株）

「STITCH」原創收納組

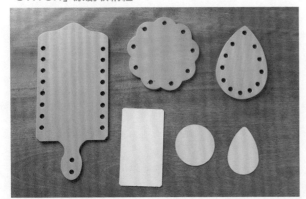

花朵、水滴、書籍三種設計。有9個、12個、18個孔，洞數很多，所以能配合想刺繡的圖案選形狀，花朵與水滴是能收納進裁縫箱的尺寸。厚度各4cm且各附有1mm厚的厚紙與長22cm的皮繩。

蓬鬆柔軟 × 色彩豔麗の瑞典傳統刺繡

羊毛刺繡&
瑞典 Tvistöm 刺繡

本單元為您介紹兩款瑞典傳統刺繡，
製作靈感都來自豐沛的自然景致，可愛得令人愛不釋手！

文：山梨幹子

○攝影　森谷則秋
○作品製作　（3・5）宮川和子
（1・2）大村尚子　（6・7）Eva Berry

1・2 鮮豔的羊毛刺繡抱枕，配色與花樣也搭配得恰如其分。3 在小物袋邊緣，裝飾相同色系的流蘇吧！4 以瑞典十字繡製成的座墊，如織品般的繡目美麗極了！5 迷你抱枕上頭有馬兒造型的刺繡圖樣，還有裝飾於四個角落的流蘇，洋溢著傳統風情。

6 瑞典刺繡作家Eva Berry。7 色彩繽紛的刺繡鳥兒，在羊毛刺繡抱枕上顯得十分可愛。
8 以十字繡技法製成的抱枕，星星也是傳統圖樣之一。

所謂Hemslöjd*，指的是農民文化。與日本相同，早期的瑞典多數國民均是務農維生，同時也從事手工藝產業。到了十八世紀，由於生活水平提升，農家女性得以擁有更多進行刺繡或添購材料的時間，因此作品不再侷限於衣服裝飾，更擴及妝點房間的抱枕或桌巾等室內手工藝品。

上圖1・3・5中的作品，是瑞典南部的肥沃地帶──斯堪尼亞（Skåne）的傳統技法及主題圖樣。這個地區不僅接近陸地，也以主要都市馬爾默（Malmö）為首，從萊京（Helsingborg）等大型港口輸入許多外國情報及產品，如此孕育出獨特的文化。直到十九世紀，經濟發展得更為蓬勃，因此，如此般花色鮮麗且品質奢華的抱枕，也開始流行了起來，其選用了質地厚實的羊毛織片（不織布）作為基底，並運用緞面繡、長短針繡、鎖鍊繡、輪廓繡等技法製作而成。在相同地方流行的法蘭德斯（Flemish）織法上，也能看見相同的主題圖樣。

這些主題圖樣多半與基督教有關文化（如亞當與夏娃、神職人員、天堂動物等），或是以源自巴洛克時期、洛可可時期的繁複花朵圖樣為裝飾主題。在那個沒有書沒有雜誌，更沒有手工藝道具的時代，這些圖案對女性們來說是多麼地重要啊！於是，她們將圖案描繪於紙張或是移轉到布面，如此讓繁複的圖案變得簡單而樸實，這樣的技術便流傳至今。

而今，不僅止於瑞典，整個歐洲都開始流行這種能夠輕鬆製作的羊毛刺繡了！目前正活躍於手工藝領域的瑞典作家Eva Berry，從過去流行的作品中取得靈感，並且融入自己的技巧製作，完成了各式各樣的獨特作品。

此外，還有一種叫「長形交叉十字繡（Long-arm cross stitch）」的傳統刺繡法，瑞典文稱為Tvistöm（或稱瑞典十字繡），我們能夠從織品的rurokan*（ルーロカン）來尋求主題圖樣的起源（4・7）。運用編織及刺繡兩種技法，就能夠享受製作相同主題圖樣的樂趣，這便是瑞典手工藝最大的魅力所在了！

*Hemslöjd（ヘムスロイド）為瑞典語「家庭手工藝」之意，現在則為手工藝協會的名稱，為了保留傳統手藝不遺餘力。
*rurokan是一種瑞典式刺繡，由於經線與緯線織度緊密，因此每條經緯線之間沒有縱向接縫。

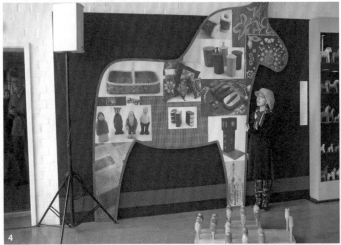

1 動物園島（Djurgården，或稱悅戈登島）的文化廳入口。紀念展logo是縫紉機刺繡的設計圖案。**2** 達拉納博物館（Dalarnas Museum）會場大廳。**3** 一百週年紀念的可愛拼貼風商標。**4** 達拉納博物館的休息室裡有一隻巨大的達拉小馬，上頭有各式各樣拼貼的手工藝作品圖片。**5** 尤金王子美術館（Prins Eugens Waldemarsudde）。穿過森林，來到這座靜好的美術館，可以盡情欣賞＆品味手工藝的歷史。

SWEDEN

自然協調の
手作熱情

瑞典傳統手工藝
一百週年紀念

為了慶祝創立一百週年，瑞典傳統手工藝協會展開了許多紀念性活動，讓我們一起去瞧個究竟吧！

採訪・撰文：牧つづみ

6 北方民族博物館的中央大廳。

7 自然光線的照射，使刺繡作品的色彩更加美麗。

2012年有許多值得紀念的一百週年紀錄——日本大正年號百年、日本計程車營業百年、日本人在斯德哥爾摩首次參與夏季奧林匹克運動會百年……正好在一百年之前，有許多象徵著「現代」的社會現象及文化，正陸陸續續地產生。而瑞典的Hemslöjd傳統手工藝協會也在西元1912年成立。所謂Hemslöjd是「家庭手工藝」的意思，當時人們為了抵抗工業革命後冷硬的機械生產，期待能重新展現手作工藝品的優勢，進而豐富生活，如此協會的創立，可說是瑞典版的「英國美術工藝運動（Arts and Crafts Movement）」呢！

若提到現今的瑞典，不僅止於繽紛亮眼的刺繡作品，各種織品的傳統色彩也洋溢在日常生活的空間當中，而2012年適逢Hemslöjd傳統手工藝協會創立一百週年，在瑞典全國各地會場都展開了熱鬧非凡的紀念活動，小編就要帶您一同前往瑞典，體驗一下當地的傳統風情喔！

19世紀末開始，有一位叫做莉莉・席克曼（Lilli Zickerman，1858-1949）的女性致力於推動手工藝運動，並於1912年促成國立Hemslöjd傳統手工藝協會的創建。當時協會的第一屆會長由席克曼的朋友尤金王子（Prins Eugens）擔任，由於尤金王子是當時瑞典國王奧斯卡二世的兒子，同時也是一位畫家，因此對於這有如國粹一般的手工藝的延續及技術保存，他的貢獻也深受肯定。一百週年的初期活動，便是在曾為尤金王子故居的「尤金王子美術館（Prins Eugens Waldemarsudde）」（圖5）展開。來到斯德哥爾摩市區東邊的動物園島（Djurgården，或稱悅戈登島），在這環繞著美麗森林及海洋的尤金王子美術館中，便是品味深遠歷史與高雅藝術品的巡禮時間，這裡有許多為了生活而製作的手工藝作品，令人深刻地感受手作的優雅與質感。

傳統手工藝協會一百週年紀念展的主要會場，就在斯德哥爾摩文化會館——亦是主要展示現代美術作品的麗列瓦茨藝術館（Liljevalchs Konsthall）。走進第一展覽室，便會被一座巨大的裝置藝術作品所震懾，它名為「眾人之樹」（圖10）。它由募集而來的兩千名志願者一同參與製作，各自以不同的技法和設計感進行葉片的刺繡，再將葉片集合成樹木，最

11・12 以白色刺繡織品製作而成的窗簾，頗具巧思！若作為一般紡織品，也能用來當作舞台布幕。將從窗戶眺望見的景致化為織品的圖案，實在令人雀躍不已。**13** 木製品及鐵製品，也是充滿傳統風情的手工藝作品，和刺繡或織品相同，在經過時間的淘洗，也會變得更有味道呢！

日本出品的白色刺繡織品。四十多年來致力於推廣瑞典手工藝的 Yamanashi Hemslöjd，挑選了許多適合夏季陳列的藝術品，如今都在瑞典傳統手工藝協會的旗下兩家店鋪展示中喔！

14 瑞典手工藝品店SVENSK，於2011年全新裝潢開幕。**15** 帶有休閒感的SVENSK手工藝品店。

8 傳承著瑞典傳統文化的北方民族博物館。**9** 讓來來往往的人們一同刺繡完成的掛毯，是會場上最吸睛的作品之一。**10** 裝置藝術作品「眾人之樹」。

讓生活色彩繽紛、充滿樂趣 就是傳統手工藝的美學所在

即使現在身處於瑞典，我們都還能充分感受到，人們融入生活中的那份傳統手工藝精神，如此綿長而珍貴。若我們也能擁有瑞典人懂得享受生活的智慧，相信你的每一天也能變得更加美麗且幸福吧！

在全國一百週年紀念展覽中，還有一個必看景點，那就是「達拉納博物館」。館中的「達拉小馬」來自瑞典國內傳統留存得最完整的地方，利用古老的素材及技法製作，讓作品呈現出令人驚豔的美感，十分值得一看。在這裡，我們也能充分接觸並品味傳統手工藝之美喔！

個全心全意製作成的手工藝作品的「美」，好好地將這份情感傳遞下去。

法傳承給後人，更要感受這一謂「素材」開始，不僅要將傳統技產的時代，我們都應該先從瞭解何品」，不如將它們稱作「素材」更來得貼切一些，這部分也讓人印象深刻。在這任何東西都能大量生他展覽室中也展示著許多能夠觀賞及觸摸的作品，然而與其說是「作

如此的創意和靈感，令人十足感受到傳統手工藝的精髓。此外，在其協助並提倡非洲森林的保護活動。將每一片樹葉分別進行義賣，藉以後將樹木結合成森林。之後，還要

SHOP

販售眾多原創商品的三家老店舖，一次介紹給您！

○攝影　森谷則秋　森村友紀　渡邊華奈

你知道「MATALBON」線材嗎？

由越前屋原創，精心開發的東京繡線

色澤質樸的MATALBON線材，也被稱為「和製花線」，適合用來製作風格穩健的作品，是喜愛小巾刺繡（Koginzashi）和北歐刺繡的手作人最不可或缺的素材。由於每一條線均由八股線捻合而成，能夠依據布料或圖案挑合適的股數來進行刺繡，以呈現作品的細微差異及立體感。

本單元要介紹的，就是郵購就能簡單入手的小巾刺繡蘋果材料組，以及全120色（2012年改版）的線材喔！請藉由這次接觸MATALBON的機會，大大地拓展刺繡工藝的視野吧！

1 在一樓裁布的市村先生。喀嚓喀嚓的聲響，是最動聽的聲音。**2** 二樓陳列了許多國內外的刺繡線材，關於MATALBON（マタルボン）繡線的問題，就儘管詢問羽鳥小姐吧！**3** 呈現漸層色彩的線材樣本，擁有美麗的光澤。**4** 連初學者都能輕鬆上手的最佳素材──亞麻刺繡帶！只要看到店員作好的可愛巾著小物袋，還有小巧的裝飾掛毯，一定會讓你創作欲大增，忍不住摩拳擦掌起來喔！

手工藝品工具齊全，知識豐富的店員，
從刺繡初學者到高手，這裡絕對能夠滿足你！

越前屋

從東京車站的八重洲中央口出站直走，就能看見座落於路口的「越前屋」。越前屋於慶應元年（1865年）創業，原本只是從線材商做起的小店舖，如今已然成為全國知名的手工藝品專賣店。一樓整齊擺放了許多布料及參考書籍，二樓則有如花田一般，陳列了許多色彩鮮麗的線材，令人為之屏息。該店以第六代社長多崎次郎為首，率領全店知識豐富的店員提供親切的服務，讓顧客能夠在此安心而愉快地選購商品。

ECHIZENYA
越前屋
東京都中央區京橋1-1-6
TEL 03-3281-4911
營業時間10：00～18：00
週日・國定假日公休
http://www.echizen-ya.net/

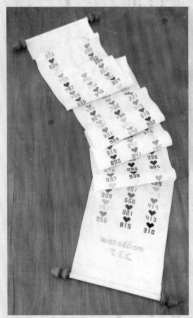

58 蘋果小巾刺繡

手掌大小又可愛到不行的紅蘋果、藍蘋果和薄荷綠蘋果，使用了三種顏色的MATALBON線材，讓您能夠輕鬆地享受三種圖樣的小巾刺繡樂趣！

 作法・圖案　P.113

製作＝
cersier 辻森櫻子
由於丈夫工作的關係，辻森小姐在青森縣和小巾刺繡邂逅，而後將其古典圖樣MODOKO*加以變化，製作成各式各樣的刺繡作品。
http://plaza.rakuten.co.jp/chersac/

＊Modoko指的是津輕民藝刺繡的一個單位，呈現幾何圖形。

圓嘟嘟愛心的線材樣本

共有120色的MATALBON線材，愛心緞面繡的是取三股線製成圓嘟嘟的樣本，愛心下方的色號則是取一股線，以十字繡技法製作而成。

5 平凡的椅背套上，有著高雅的刺繡圖樣。**6** 佐賀錦絹線、絽刺線、絹線……這些線材都被妥善地安置在厚實的玻璃櫃中。

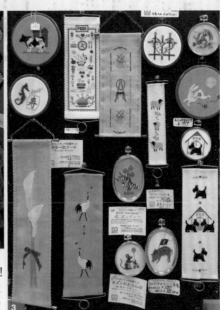

不只在北海道受到歡迎，全國手作愛好者都喜歡！
在這棟大樓裡，你可以花上一天時間來尋寶！

MARIYA 手工藝材料店

在北海道札幌・時計台前的路上，有一家整潔而美觀、牆上爬滿了長春藤的「MARIYA手工藝材料店」。MARIYA是取自日本手毬（temari）的近似發音命名而成，自大正15年（1926年）以來，MARIYA手工藝材料店不僅僅在北海道享有盛名，來自全國的手作愛好者都紛至沓來。如今，第三代店主松村耕一、松村晃子夫婦，也在店舖外觀花了不少心思，更發想了專屬於MARIYA的商標，無論是櫥窗擺飾、店內陳設，乃至整個空間，都洋溢著他們獨到的手工藝靈感。

MARIYA
手工藝材料店
北海道札幌市中央區北1条
西3丁目時計台前路
TEL 011-221-3307
營業時間10：00～18：00
週三公休
http://www.mariya3.com/

1 這兒有來自全世界的刺繡書！「我想找一本這樣的書……」請試著如此詢問店員吧！
2 木製娃娃「瑪莉的夢想」。利用十字繡和手繪圖畫，就能盡情享受為娃娃換衣服的樂趣。
3 許多原創的十字繡作品，十分醒目地呈現在歲時記上。特別是每年都製作的天干地支（生肖）刺繡系列，有如獨特又討喜的收藏品。
4 輕輕鬆鬆就能製作完成的十字繡小飾品，吊掛在聖誕樹上，視覺分量感十足！
5 三樓的出租藝廊寬敞舒適，讓人能夠仔細地欣賞優秀的作品。此外，這兒還有許多手工藝相關課程提供選擇呢！

1 在龜島商店，顧客總是這麼說：「在這裡好像在尋寶似的！超開心！」
2 多款聖誕節系列的亞麻刺繡帶，等您來選購。
3 好多好多不同款式的布料，究竟……最後是誰會雀屏中選呢？
4 手掌大小的原創小軟枕，以配色亮麗的線材及十字繡技法製作而成。
5 這些顏色五花八門的穗飾，可都是店員一個一個親手製作的喔！

KAMESHIMA
かめしま
大阪府大阪市中央區心齋橋筋1-4-23
TEL 06-6245-2000
營業時間10：00～18：00
週日公休
http://www.kameshima.co.jp/

位於大阪南區繁榮商圈
售有各式刺繡材料及工具的手工藝店

KAMESHIMA 龜島商店

座落在大阪心齋橋的「龜島商店」，於明治16年（1883年）創業之時，主要販售的是由柳條編製成的行李箱，以及各種和式、洋式裁縫用品。直到第二次世界大戰後，便開始積極地從歐洲引進各式各樣的手工藝用品。「龜島」的心齋橋店恰好位於熱鬧非凡的商圈裡，以店主堀口三枝子為首，其他熱愛手作的店員也為顧客準備了許多原創材料組合，期待能將刺繡充分地融入日常生活中。不僅止於材料，店裡還有許多悉心製作而成的刺繡作品，也是非看不可的賣點喔！

備受矚目の日本橋馬喰町
全新線材專賣店
Keito

○攝影　三浦英繪（線材攝影）

位於東京東區的日本橋馬喰町，聚集了許多由歷史悠久的建築物改裝而成的藝廊、個性咖啡屋等店舖，而在2012年9月，擁有世界各地線材的專賣店Keito開幕了！英國、義大利、法國……以歐洲國家的線材為中心，這裡販售著多達一千種款式的線材。除了以公斤為單位、手染線材商品，以及製作高級品牌服飾知名線材的紡織公司商品，還有初次引進日本的品牌&絕無僅有的珍貴素材，Keito永遠準備了最新穎的線材陣容，等待顧客的到來。

Keito不只是編物、織品的材料行，在這裡，您也能從眾多素材樣品中選擇喜歡的顏色訂購，諸如此類的服務不勝枚舉。還有許多色彩華美、個性十足的繡線，更是不容錯過喔！店內的沙發區還備有長期收藏的編織資料，可供顧客悠閒地閱讀參考；針對還不熟悉編織的顧客，店內也有專業知識豐富的接待人員協助解說，讓所有顧客都能盡情徜徉在手作編織的世界中——這就是Keito，一家擁有獨特素材和創作點子的手工藝專賣店！

Keito
〒103-0002
東京都中央區日本橋馬喰町1-3-4
TOGASAKI大樓1F
TEL 03-5642-3006
營業時間11：00～19：00
週日・國定假日公休（不定期）
http://keito-shop.com/
從都營新宿線「馬喰橫山站」、都營淺草線「東日本橋站」、JR總武快速線「馬喰町站」的2號出口出站，步行3分鐘。

※地下道與上述三個車站均有相連。

1 Keito店舖外觀。
2 Keito店舖內部陳設。3 引進自英國、成色優異的手染毛線球。
4 品質佳、流行感十足的法國線材。
5 高級時裝專用的特殊線材，以每10g為單位計算。

手作愛好者必去！日本手作好店

在跳蚤市場挖到的超讚鈕釦！
CO-

從19世紀到1960年代，CO-一直都是最棒的鈕釦店舖之一。這裡特有的鈕釦素材設計感佳，充滿古董而經典的況味，不僅能組裝在小物或服飾上，直接作成首飾或放入畫框中當作家居擺飾也很棒喔！店內不定期邀請手工藝作家前來辦展，或辦理全國各地的知名店舖企畫展覽，十分值得參觀。

CO-
〒101-0031
東京都千代田區東神田1-8-11
森波大樓1F
TEL 03-5821-0170
營業時間12：00～19：00
週日、國定假日公休
http://co-ws.com

日本與荷蘭の新窗口
Deshima

提到「出島」，就令人聯想到日本鎖國時代唯一的貿易窗口——長崎市的出島（Deshima），當時的貿易大國荷蘭，就是從這裡將文化傳入日本的。Deshima店裡陳列著織品、首飾、陶磁器、家具、家居雜貨及攝影集……等許多荷蘭知名作家的作品。在這裡，您可以發現不少設計品質優良且充滿荷蘭魅力的商品喔！

Deshima
〒101-0031
東京都千代田區東神田1-2-11
AGATA竹澤大樓402
TEL 03-6905-6133
營業時間12：00～19：00
週日、週一、週二公休
http://deshima-web.com

STITCH YOUR LIFE

玩｜樂｜一｜夏

被愛の文字繡口金包

作品設計・提供・文字／Kelly　　陶藝創作提供／蕭卉蓁
攝影／數位美學・賴光煜

　　學拼布，玩手作的人都喜歡用一些零碎的布品，作一個口金包送給親朋好友，這是禮輕情深的心意，把對對方的喜愛一針一線縫進這個口金禮物裡。

　　而我喜歡把鍾愛的歐式文字繡結合口金包，送給朋友，選摘朋友的代表英文字，依著對朋友的感覺設計出專屬的英文字，再以適合的針法，慢慢想著友情點滴，一針一針地繡在口金包上，完成誠意滿滿，獨一無二的專屬禮物。

　　朋友收到時，那驚喜感動的神情，也讓我對刺繡口金包的痴迷得到很好的回報。

　　「妳喜歡我就好開心！」我總是這樣説著。

　　之後，我不知道朋友是會不捨地把它收起來，還是開心地使用它。

　　偶爾瞥見朋友由大包包裡掏出口金包，扭開取出物品時，那種有被喜愛著的感覺，十分溫潤我心。

　　然後，隨著日子流逝，看見送給朋友的口金包，慢慢染上歲月的痕跡……「口金包包，你被喜愛的用著啊…」在心裡微笑地感謝口金包，感謝朋友。

　　「哈囉，我幫你拿回去洗洗吧！實在是太髒了…」強意的把口金拿回家想幫它洗乾淨，重新縫上口金框再送回…

　　可是放著，看著口金包上的原子筆痕，飲料滴落的斑斑點點……我突然不捨了，不捨洗去它染上的風霜，雖然髒污不堪，但這不也是口金包被愛的痕跡嗎？

　　我默默地留下這個有被愛痕跡的口金包。

　　朋友，改天再補一個給你吧（微笑）。

關於文字繡字體

我習慣參考各種外文雜誌上的英文字，再加上
自己的喜好加以改變，試著創造屬於自己的英
文字體，這比一味的照描字帖有趣更多。

關於口金洗滌

我通常習慣將口金框拆下，再將布的部分浸泡冷洗精，
之後再輕輕搓洗掉髒污，以清水洗淨後，用毛巾吸乾水
分，然後平置晾乾，整燙，再重新縫上口金框就好囉！

18.5×24cm
167 頁／彩色＋單色
定價：380 元

19×25.5cm
160 頁／彩色＋單色
定價：380 元

KELLY 小檔案

手作年資：2005 起到世界末日的最後一天。
喜愛的顏色：無特殊喜好。
喜愛的花：繡球花、蕾絲花
座右銘：活的自信，但卻不自滿的做自己！
熱愛的收集品：布、書、線材、線材圈、
杯子……
出版著作：《是口金包耶！》
　　　　　《Kelly's 私房口金包》

非常喜歡繡球花蓬蓬圓圓的外型，

總是能給我一種幸福圓滿的感覺。

在繡球花盛開的季節，到花市買上幾株，

隨意插入粉引花器中，滿室自然流露著靜謐，

花器中不放水，靜置，讓時間浸潤，

即慢慢地成了可以保存的乾燥繡球花，

又有了另一番的美好。

這是我愛的自然流插花，

為了留下這一分美好，以刺繡將它妥善保留，

喜歡繡球花嗎？可以去花市買一株，

或一起把這美好的感覺繡下來吧！

自然流插花口金包
立體繡球花&花器

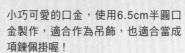

小巧可愛的口金，使用6.5cm半圓口金製作，適合作為吊飾，也適合當成項鍊佩掛喔！

Kelly 教你基本繡法！

結粒繡

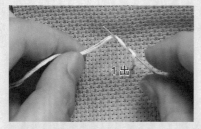

1 由布的反面出針，將線於針上繞兩圈。

2 2入。　　　3 完成結粒繡。

 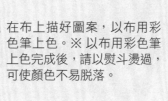

1 在布上描好圖案，以布用彩色筆上色。※ 以布用彩色筆上色完成後，請以熨斗燙過，可使顏色不易脫落。

Kelly 教你好玩の 布繪小技巧

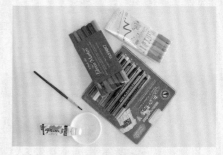

材料

布用彩色筆、壓克力顏料、彩繪用筆、小碟子

2 以筆沾少許水及白色壓克力顏料，輕輕地以刷色的方式上色。刷色時請一層一層慢慢地上色，請勿塗得過厚，以「輕薄感」表現出容器的斑駁感。

Kelly の私房
口金包小撇步

選用花布進行結粒繡,可利用布的底色,
讓花的表情更為生動。為表現花的動感,
所以不使用包釦製作,而是以填充棉增加
繡球花的蓬度,不妨在家試試看!

來作繡球花吧!

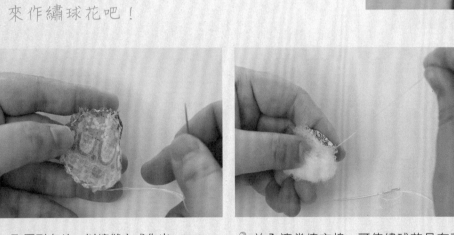

1 取圓形布片,以縮縫方式作出 YOYO。

2 放入適當填充棉,可使繡球花具有蓬感,較為可愛。

3 將線拉緊,使開口收起。

4 完成花底的部分。

5 由底部出針,進行結粒繡。

6 將繡好的繡球花縫於圖案位置即完成。
Kelly 小提醒:建議在縫上口金框之前,
再縫上繡球花,製作時會更加順手唷!

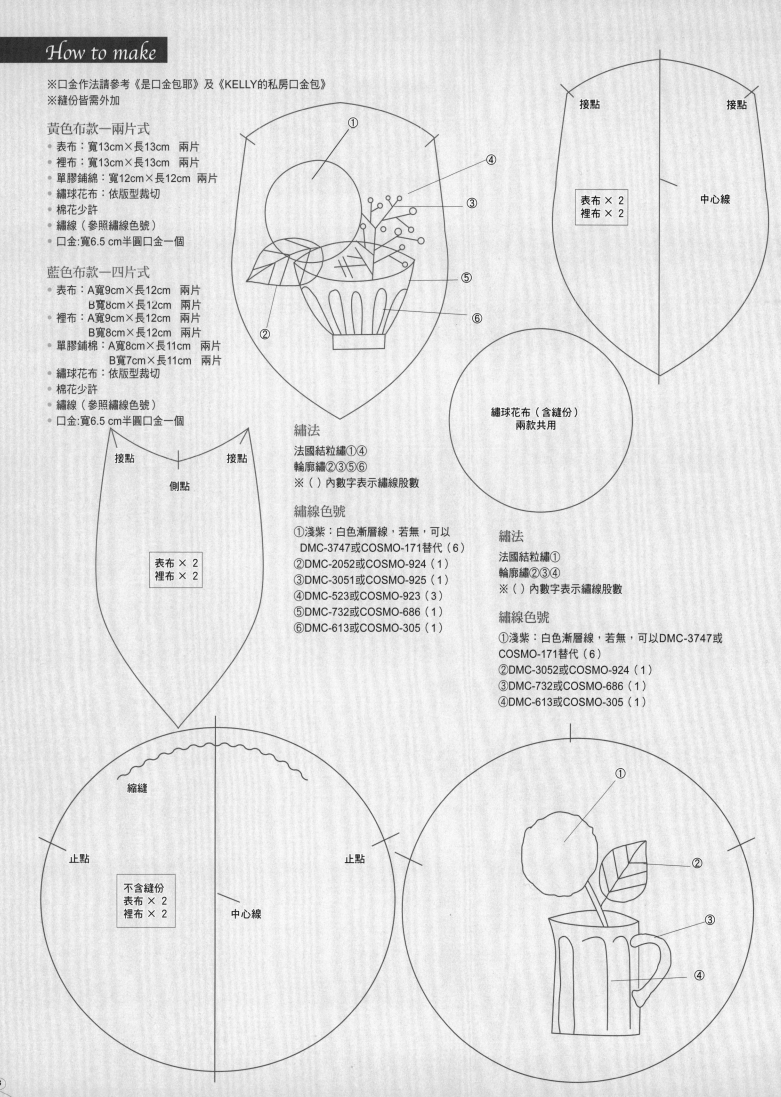

※口金作法請參考《是口金包耶》及《KELLY的私房口金包》
※縫份皆需外加

黃色布款一兩片式

- 表布：寬13cm×長13cm　兩片
- 裡布：寬13cm×長13cm　兩片
- 單膠鋪綿：寬12cm×長12cm　兩片
- 繡球花布：依版型裁切
- 棉花少許
- 繡線（參照繡線色號）
- 口金:寬6.5 cm半圓口金一個

藍色布款一四片式

- 表布：A寬9cm×長12cm　兩片
  　　　B寬8cm×長12cm　兩片
- 裡布：A寬9cm×長12cm　兩片
  　　　B寬8cm×長12cm　兩片
- 單膠鋪棉：A寬8cm×長11cm　兩片
  　　　　　B寬7cm×長11cm　兩片
- 繡球花布：依版型裁切
- 棉花少許
- 繡線（參照繡線色號）
- 口金:寬6.5 cm半圓口金一個

接點　　　　接點

側點

表布 × 2
裡布 × 2

繡法

法國結粒繡①④
輪廓繡②③⑤⑥
※（）內數字表示繡線股數

繡線色號

①淺紫：白色漸層線，若無，可以
　DMC-3747或COSMO-171替代（6）
②DMC-2052或COSMO-924（1）
③DMC-3051或COSMO-925（1）
④DMC-523或COSMO-923（3）
⑤DMC-732或COSMO-686（1）
⑥DMC-613或COSMO-305（1）

接點　　　　接點

中心線

表布×2
裡布×2

繡球花布（含縫份）
兩款共用

繡法

法國結粒繡①
輪廓繡②③④
※（）內數字表示繡線股數

繡線色號

①淺紫：白色漸層線，若無，可以DMC-3747或
COSMO-171替代（6）
②DMC-3052或COSMO-924（1）
③DMC-732或COSMO-686（1）
④DMC-613或COSMO-305（1）

縮縫

止點　　　　　　　　止點

不含縫份
表布 × 2
裡布 × 2

中心線

Part 2

青木和子的刺繡手作小旅行

一同走訪《清秀佳人》書中的動人場景吧！

《清秀佳人》是一部相當雋永的文學作品，陪伴著許多人度過童年時光。刺繡名家青木和子特別走訪《清秀佳人》的背景地—加拿大愛德華王子島，探訪書中的場景與花草，不只拍下照片，也以刺繡表現，彷彿讓故事更加活靈活現了，不妨跟著書中內容，一起沿著安妮的足跡，繡出不一樣的風景吧！

莓果大小事 「愛德華王子島產有各種品種的莓果，可以稱為莓果之島了！有藍莓、蔓越莓、野草莓、醋栗類的鵝莓、也有越橘莓喔！」負責介紹島上風光的 M 先生，以很認真的表情告訴我這些情報。

可惜距離莓果的產季還有些早，因此拜訪了釀造莓果酒與製造果醬的工房，以代替參觀莓果田。

回到 B&B 的時候，打開電視就看見了蔓越莓浸到兩位男士胸口的的廣告。蔓越莓栽種在窪地，所以收割的時候，需要先引水再來撈取，大概就像廣告中呈現的感覺吧！在大型超市，乾燥的莓果則是以杯為單位來秤重販售的。一連串莓果的體驗真是旅行中的美好插曲呢！

青木和子の花草刺繡之旅 2
清秀佳人的幸福小島

青木和子◎著
平裝／92 頁／19×24.5cm／彩色＋單色
● 定價 320 元

Part 3

愛手作 · 也愛生活

就是喜歡獨享悠閒的午茶時光

創作者——雪小板

午茶風光綁帶圍裙

艾蜜莉的花草時光布作集

Kelly · 袁淑芳 · 雪小板 ·

黃小珊 · 辜瓊玉◎合著

平裝／152頁／14.7×21cm／全彩

● 定價 320 元

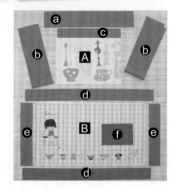

午茶風光綁帶圍裙

材料準備

* 圖案布　　**A** 上衣身24cm×25cm · **B** 下衣身34.5cm×60cm

* 配色素布　**a** 9.5cm×50cm　　　1片

　　　　　　b 11.5cm×70cm　　　2片

　　　　　　c 5.5cm×35cm　　　 1片

　　　　　　d 6.5cm×70cm　　　 2片

　　　　　　e 6.5cm×34.5cm　　 2片

　　　　　　f 18.5cm×14cm　　　1片

2.5cm包釦1顆

薄布襯

車縫縫份皆為0.7cm

How to make

1

取布條**a**與**b**，如圖示對摺車縫長邊，短邊車縫45°斜角。修剪多餘縫份並如圖示剪牙口。

2

將布條從另一側短邊開口處翻至正面，均勻整燙後壓臨邊線備用。

3

取**A**圖案布與**c**布條進行拼接。

4

上緣左、右各往內2.5cm描繪記號線，並如圖示修剪多餘布料。完成後，將布料置於薄布襯上，裁剪一片相同尺寸之布襯備用。

5

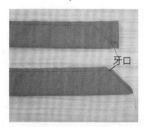

取布條**a**，如圖示將布條車縫固定於上衣身邊緣往內1cm處。

6

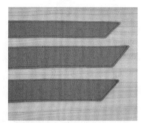

取裁剪後的薄布襯疊於布料上方（膠面朝上），如圖示車縫三邊，並翻面整燙後備用。

7

口袋**f**四邊進行簡易拷克後，皆往內摺燙1cm，翻至正面於袋口處壓縫裝飾線。

8

於圖案**B**左、右兩側拼接布條**e**，再拼接上、下布條**d**。依個人喜好固定口袋位置再車縫三邊固定。

9

將圍裙上衣身與腰帶正面相對車縫固定。腰帶固定的高度需距離下衣身上緣0.7cm。

10

裁剪一片與下衣身尺寸相同的薄布襯（膠面朝上），如圖示疊合車縫一圈，並於下方留一返口。

11

翻至正面整燙後，於整件圍裙周圍壓縫臨邊線一圈。於上衣身適當位置縫製包釦（位置可參考右頁），並在脖子綁帶上開釦眼，即完成。

Stitch 刺繡誌特集 01

預定出版時間：2013 年 8 月 15 日

2 in 1!

手作迷繡出來！
一針一線╳幸福無限
最想擁有の STITCH 刺繡誌人氣刺繡圖案 BEST ７５

本書收錄超人氣刺繡雜誌ステッチ idées
VOL.9&VOL.10 精彩內容，讓喜愛刺繡的您，
發現因手作而誕生的７５⁺創意驚喜好點子。

Stitch 刺繡誌 vol.03

下期預告

Stitch 刺繡誌 03

Coming Soon

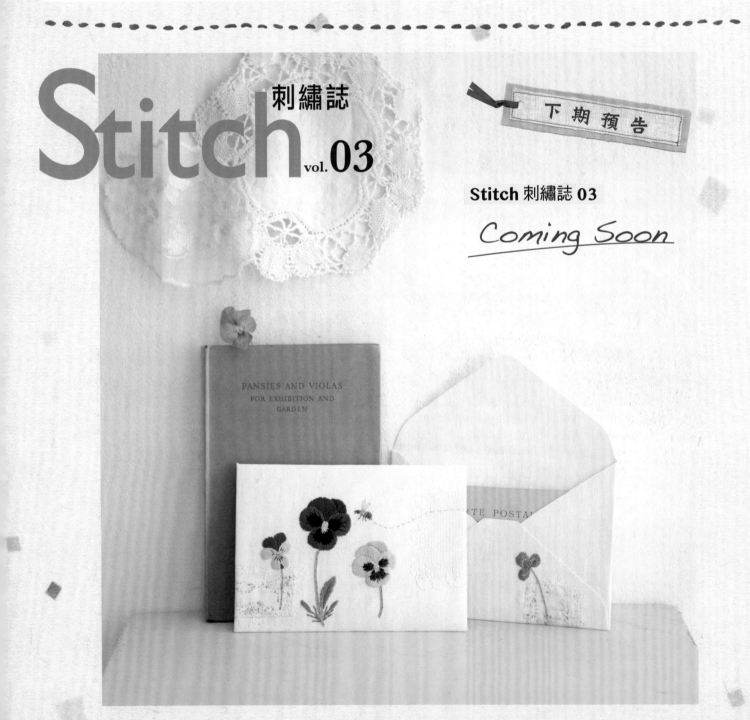

基礎技法指導＝●公益財團法人 日本手藝普及協會

關於布

● 布料的種類

十字繡 由於十字繡要計算布料格數後再進行刺繡，因此應先選擇合適的布料
※（　）內為針目的算法

粗 ←―――――――――――――――――――→ 細

十字繡用布		平織布	

Java Cross 布
布料呈現規則排列的格子狀，可將針直接穿入格子孔中，是相當適合進行十字繡的布料。由於格子大、容易計算，因此十分推薦初學者選用。
（粗格・中格・細格）

Aida 布
織法和Java Cross布料不同，可依喜好選用。此外，也有Indian Cross等種類。
（Oct・○針／10cm）

小巾繡布
將直線、橫線有規則而方正地織成的布料。由於織線較粗，格數較容易計算。此外，也有Etamin等種類。
（○針／10cm）

刺繡用亞麻布（Linen 布）
適合用於線材粗細均等，且在一定面積裡直向及橫向織線數均相同的作品。
（Oct・○針／1cm）

布目規格表

粗 ↑　　　　　　　　　　　　　　　　　　　↓ 細

布目	count（ct／1英吋）	cm（1cm單位）	cm（10cm單位）
粗目	（6ct）	2.5格／1cm	25格／10cm
中目	（9ct）	3.5格／1cm	35格／10cm
—	11ct	4格／1cm	40格／10cm
細目	—	4.5格／1cm	45格／10cm
55	14ct	5.5格／1cm	55格／10cm
—	16ct	6格／1cm	60格／10cm
—	18ct	7格／1cm	70格／10cm
—	25ct	10格／1cm	100格／10cm
—	28ct	11格／1cm	110格／10cm
—	32ct	12格／1cm	120格／10cm

※布格大小參考LECIEN（株）的商品資訊，count則為DMC的商品資訊。依廠牌不同，布料名稱也可能有所差異，因此在購買時，請先向店家確認。
※「count（ct）」表示每1英吋（2.54cm）內含的織格數量。

如果遇到這種情況…
若無法計算布格，而又想製作十字繡作品，請使用轉繡網布（Waste Canvas）。

法國刺繡 基本上，任何布料都適合用來進行法國刺繡。質料輕薄的平織亞麻布容易穿刺，十分推薦使用。但棉質布料、過厚的布料、具伸縮性的布料、起毛布料等，則不適合用來刺繡。

● 布料的縱橫・表裡

為了避免作品伸縮、扭曲，布料請以縱向使用。若買來的布有「布邊」，其布邊方向即為縱向；若沒有「布邊」，就試著縱向、橫向拉撐布料，不具伸縮性的便是縱向。若選用的是無花紋的平織布料，就不需要特別在意布料的正反面了！

有布邊　　**沒有布邊**

將布往兩邊拉撐看看

關於裱框

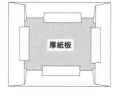 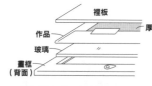

裡板
厚紙板
作品
玻璃
畫框（背面）
厚紙板

❶以熨斗將作品熨燙平整後，一邊從正面確認整體的平衡度，一邊決定擺放的位置，再以膠帶暫時固定。接著，將整體材料翻轉至背面，摺疊邊緣，以避免作品面積超出邊框，再將布面往邊緣拉撐開來，以膠帶黏貼固定。

❷如上圖所示，依序疊合作品及材料。或依喜好再另加入墊布，或是抽出玻璃不用亦可。

POINT
●熨燙作品時，若能在布料背面均勻地噴上噴膠，能讓作品變得更為平整而美觀。
●在作品翻疊至背面固定時，以上下、左右的順序貼合膠帶，可防止布面歪斜。

準備材料＆工具

針➡ **請參考「關於繡針」**
布➡ **請參考「關於布料」**
線➡ **請參考「關於繡線」**

剪刀
請分別準備刺繡線專用剪刀及布料專用剪刀。剪線專用剪刀以末端尖銳、刀刃鋒利的類型為佳。

繡框
將布面撐平的工具。若進行刺繡的布料具有彈性，不使用也無妨。依據圖樣的大小，選用尺寸合適的繡框。

描圖工具 ➡ 請參考「關於圖案」
描圖紙、細字筆、勾邊筆或鐵筆（沒水的原子筆亦可）、手工藝專用複寫紙、珠針、玻璃紙

※ 製作十字繡時則不需要。

刺繡的開始＆刺繡的結束

縱向藏線時

（背面）

橫向藏線時

（背面）

進行刺繡時，基本上線材並不打結。起針時的線要留出針兩倍的長度，刺繡完成後，再次將針穿入、藏入線材中，收尾處理。止針也和起針相同，線材不打結，利用左圖及下圖的方式進行收尾。若製作時覺得困難，雖然也可以將線打結，但請務必要將線結藏入線材中、再將線剪斷。為了讓作品背面也平整、漂亮，請以正確的方式多練習幾次吧！

關於針

● 針的種類
請準備「十字繡針」和「法國刺繡針」，兩者各有不同的用途。

十字繡針
末端渾圓的十字繡針，適合於製作十字繡，或縫製帆布作品時使用。若是進行法國刺繡時，亦可用來解開線材，而不致傷害作品。

法國刺繡針
末端尖銳的法國刺繡針，適用於製作所有的法國刺繡作品。

還有許多其他種類喔！
除了以上兩種，其他如緞帶刺繡針、瑞典刺繡針等針材，依各種不同用途及廠牌，還有許多不同的款式。請多多試用、選擇喜歡的針作為自己的好幫手吧！

● 繡線的號數＆繡線的股數
下表是一般針、線的標準資訊。依據布料的厚薄，針的戳刺難易度也會有所不同，因此請實際使用過後，再選擇最適合、順手的針吧！

針		線	
法國刺繡針	十字繡針	25號繡線	花線
3號	19號	6股	3股（亞麻質18ct）
3・4號	19・20號	5・6股	3股（亞麻質18ct）
5・6號	21號	4股	2股（亞麻質25ct）
5・6號	22號	3股	2股（亞麻質25ct）
7～10號	23號	2股	—
7～10號	24號	1股	1股

※中的針號數，均是採用Clover（株）的產品規格。依廠牌不同，針孔的大小也可能有所差異。
※使用花線時，請依布料的疏密程度選擇不同的針。

※作法中關於尺寸的數字，若無特別指定，其單位均為cm。

關於圖案

共通部分　本書圖案中出現的記號說明　※○內的數字表示線材所需股數

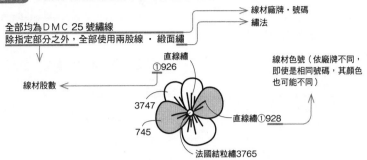

全部均為ＤＭＣ25號繡線
除指定部分之外，全部使用兩股線・緞面繡

線材股數

直線繡
①926

3747
745

線材廠牌・號碼
繡法

線材色號（依廠牌不同，
即使是相同號碼，其顏色
也可能不同）

直線繡①928

法國結粒繡3765

十字繡

製作十字繡時，並不在布面上繪製圖樣。圖案要依顏色分辨記號，一格以一針計算。織目較粗的布料（如十字繡用布等），以一個織目為一針計算；織目較細的布料（如亞麻布等），則是以縱、橫的織目2×2股（目）為一針計算，再進行刺繡作業。

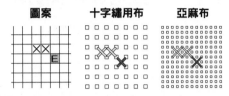

圖案	十字繡用布	亞麻布

以亞麻布2×2目為一針計算，進行十字繡時，圖案上會出現的記號

1 over 1
1／4格份大小的記號，表示以亞麻布1×1目為一針計算。

3/4繡
在／和＼之間，一邊的半十字繡要將針穿過2×2目的中心，再作一格的3/4繡。

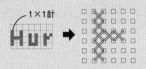

1×1針

Hur →

→

十字繡完成尺寸

因應布格的大小，十字繡的完成尺寸也會有所不同。若是以手持布面的情況，在刺繡之前，就要先計算完成尺寸、確認布料是否足夠。

〈刺繡完成尺寸計算〉

★若使用織目為「○目／10cm」的布料
刺繡完成尺寸（cm）＝圖案目數÷○目×10cm

★若使用「○ct」的布料
刺繡完成尺寸（cm）＝圖案目數÷○目×2.54cm

※實際刺繡時，可能會因布料、線材及歪斜等因素，使尺寸有些變化，請特別注意。

小巾刺繡・鏤紗繡（Hardanger）・直線緞面繡

利用織線，讓圖案的網格線變得更為顯眼，請一邊確認織線會跨幾條網格線，一邊往下刺繡吧！

圖案	布

法國刺繡

圖案　細字筆

❶將描圖紙鋪在圖案上，以細字筆描繪圖案。

描圖紙

描圖紙
布
轉寫紙面

❷利用珠針，將描圖紙固定在布面上，並在中間夾入手工藝專用複寫紙。接著將玻璃紙鋪在最上層，以勾邊筆描繪圖案。

玻璃紙　手工藝專用複寫紙

POINT

●在布料上描繪圖案線，可先噴水、熨壓，讓布紋平整美觀。
●圖案要沿著直線及橫線對齊、配置。
●繪製時不往回走，應一次畫完。
●印在布面上的過深記號，可能會造成布面的髒污或殘跡，而太淺的記號則有可能在繪製時就消失。因此，請先在布面不顯眼之處（如布邊）試著畫上記號，確認最恰當的筆觸吧！
●若能以最簡略的方式繪製圖案，就能防止筆畫突出或殘留筆跡。

關於繡線

● 線的種類

最常使用的，便是25號繡線了！一束線＝一捲線，長度為800cm。Anchor、Olympus、Cosmo、ＤＭＣ…依各家廠牌不同，色號也可能有所差異。花線則是100%純棉、無光澤感的線材，由於質感樸實、深厚，配色又自然，若不容易購得，可以25號繡線（取兩股線）代替使用（線材粗線可能依廠牌不同而不同）。

6 股線　**1 股線**

25 號繡線
若能從線捲中抽出，六條細線捻合的狀態將會保持得較好。將細線一條、一條地計算清楚，再依圖案中「○股線」的指定，抽取必要的股數使用即可。

花線・5 號線・8 號線
從線捲或線軸中抽出的狀態，就直接以一股線計算。號碼越小、線材越粗。此外，若選用的是A Broder線、Lame金屬線等線材，除了25號繡線之外，基本上均是以相同的方式計算。

● 25 號繡線的使用方法

❶抽出50至60cm長的線材後剪斷。

❷將細線一股、一股地分開，依所需股數分別妥善收集。需要取六股細線時，也要一次全部分開後，再抽出收妥。

POINT

●如圖，先將線材輕輕地對摺，再利用針尖一條、一條地勾出，線材就不容易打結了。

關於熨斗

若能巧妙運用熨斗，作品的質感便能大大地提升！熨燙時，要特別注意力道的控制，以避免破壞了刺繡作品的立體感。

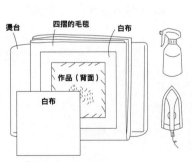

燙台　四摺的毛毯　白布
作品（背面）
白布

POINT

●請將圖案線都擦去後，才能使用熨斗熨燙。有些手工藝專用複寫紙或記號筆，其線條等記號一遇熱便會消失，請特別注意。
●若要將作品置入畫框，或是希望其狀態平整美觀，可先在背面均勻地上一層噴膠，再熨燙即可。
●熨燙時，不要讓熨斗直接接觸作品，可墊一層乾淨的白布隔離，避免作品燒焦或反光。
●有些線材會因熨燙的熱度而褪色，請特別小心。

準備工具及材料

❶如上圖依序疊合材料，再於作品背面噴水。
❷將白布蓋在作品上熨燙，使作品得以往邊緣伸展。
❸利用熨斗的尖端，將刺繡部份的邊緣熨燙平整。
❹將作品翻回正面，蓋上白布，再輕輕地熨壓即完成。

本書介紹の 繡法

輪廓繡
Outline Stitch
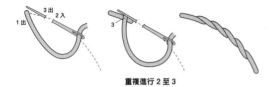
重複進行 2 至 3

直線繡
Straight Stitch
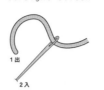

平針繡
Running Stitch

重複進行 2 至 3

回針繡
Back Stitch
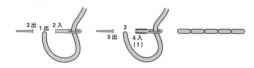

捲針回針繡
Whipped Back Stitch

藏線　藏線　止針

穿線回針繡
Threaded Back Stitch

藏線　藏線　止針

毛邊繡（釦眼繡）
Blanket Stitch (Buttonhole Stitch)

重複進行 2 至 3

千鳥繡
Herringbone Stitch
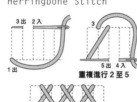
重複進行 2 至 5

十字繡
Cross Stitch
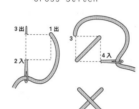

雙重十字繡
Double Cross Stitch
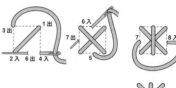

法國結粒繡（兩次捲針）
French Knot Stitch
※本書中未特別指定次數的法式結粒繡，均為捲線兩次
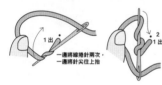
一邊將線捲針兩次，
一邊將針尖往上抬
拉線

捲線繡
Bullion Stitch
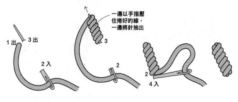
一邊以手指壓
住捲好的線，
一邊將針抽出

捲線玫瑰繡
Bullion Rose Stitch

雛菊繡
Lazy Daisy Stitch
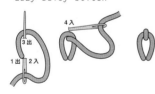

雙重雛菊繡
Double Lazy Daisy Stitch

雛菊繡

鎖鍊繡
Chain Stitch

重複進行 2 至 3

飛羽繡
Fly Stitch

長短針繡
Long & Short Stitch
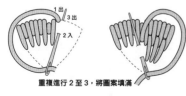
重複進行 2 至 3，將圖案填滿

緞面繡
Satin Stitch
為了決定刺繡的方向，
因此從較寬的地方式
起針，可使
刺繡較容
易進行。

繡到末端後，
穿入背面的線中，
再從剩餘部分
的起針處
穿出
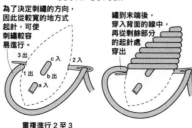
重複進行 2 至 3

浮凸緞面繡
Satin Stitch

平針繡

為了製造成品厚度，可先在輪廓線或圖案中先以回針繡、輪
廓繡、虛線繡、鎖鍊繡等針法進行刺繡後，再以緞面繡填滿
圖案

織補繡
Darning Stitch

海扇形裁縫箱

材料

DMC Aida刺繡帶10cm寬×16ct（60目／10cm）白色70cm、淺藍色圓點棉布50cm×60cm、紫色亞麻布70cm×60cm、2mm厚紙板…〔底部〕15cm×24.6cm 1張、〔短側面〕8.5cm×18cm 2張、〔裝飾底部〕16.5cm×26cm 1張、1mm厚紙板…〔長側面〕10cm×28cm 4張、〔提把〕3.5cm×38cm 1張、肯特紙…〔內側底部〕15cm×24.6cm〔短側面〕8.5cm×18cm 4張、〔長側面〕10cm×28cm 4張、〔提把〕3cm×38cm 1張、水黏性膠帶、布盒專用膠各適量、DMC25號繡線各色適量

作法

1　裁1mm厚紙板，製作成兩組貼合完成的長側面，再作成兩片短側面及底部，將其組裝成盒子。

2　將肯特紙貼於內底布上，再貼於步驟1成品中。接著，將肯特紙分別貼在短側面及長側面的外側布（將已完成十字繡的亞麻刺繡帶與圓點布疊合）上，再黏貼於外側。

3　製作提把，貼於長側面的內側布上。

4　將肯特紙貼於短側面內側布。長側面內側布後，再貼在步驟3成品的內側（內側的肯特紙可事先比對尺寸，再調整成適當的大小）。

5　製作裝飾底部，貼合在步驟4成品的底部內側。

● 附錄圖案B面

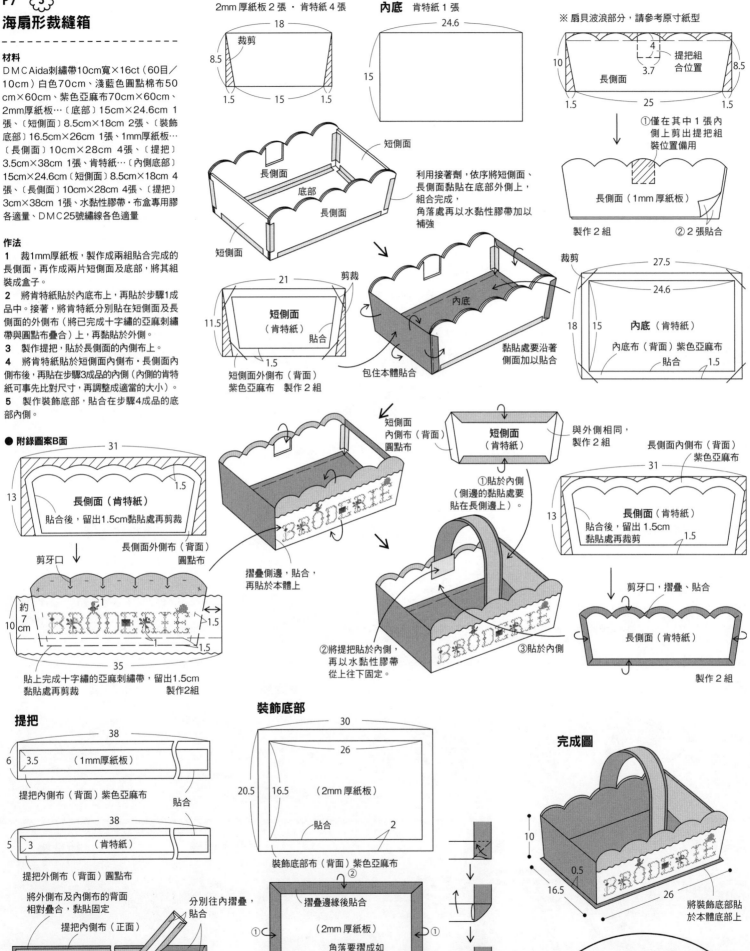

短側面 2mm 厚紙板2張・肯特紙4張

18　裁剪　8.5　1.5　15　1.5

底部 內底 2mm厚紙板1張　肯特紙1張

24.6　15

長側面 1mm 厚紙板4張・肯特紙4張

※ 扇貝波浪部分，請參考原寸紙型

10　4　提把組合位置　3.7　8.5　長側面　1.5　25　1.5

①僅在其中1張內側上剪出提把組裝位置備用

長側面（1mm厚紙板）　製作2組　②2張貼合

利用接著劑，依序將短側面、長側面黏貼在底部外側上，組合完成，角落處再以水黏性膠帶加以補強

長側面　底部　短側面

21　剪裁　短側面（肯特紙）　11.5　貼合　1.5　短側面外側布（背面）紫色亞麻布 製作2組

內底　黏貼處要沿著側面加以貼合　包住本體貼合

27.5　24.6　18　15　內底（肯特紙）內底布（背面）紫色亞麻布　貼合　1.5

31　長側面（肯特紙）貼合後，留出1.5cm黏貼處再剪裁　13　1.5　長側面外側布（背面）圓點布

剪牙口　約7cm　10cm　B*RÓDERIE　1.5　1.5　35

貼上完成十字繡的亞麻刺繡帶，留出1.5cm黏貼處再剪裁　製作2組

短側面內側布（背面）圓點布

摺疊側邊，貼合，再貼於本體上

短側面（肯特紙）與外側相同，製作2組

①貼於內側（側邊的黏貼處要貼在長側邊上）。

②將提把貼於內側，再以水黏性膠帶從上往下固定。

③貼於內側

長側面內側布（背面）紫色亞麻布

31　長側面（肯特紙）貼合後，留出1.5cm黏貼處再裁剪　13　1.5

剪牙口，摺疊、貼合　長側面（肯特紙）製作2組

提把

38　6　3.5 （1mm厚紙板）　提把內側布（背面）紫色亞麻布　貼合

38　5　3 （肯特紙）　提把外側布（背面）圓點布

將外側布及內側布的背面相對疊合，黏貼固定

提把內側布（正面）　提把外側布（正面）　肯特紙　1mm厚紙板

裝飾底部

30　26　（2mm厚紙板）　20.5　16.5　貼合　2

裝飾底部布（背面）紫色亞麻布　②

分別往內摺疊，貼合　摺疊邊緣後貼合　（2mm厚紙板）①　②　角落要摺成如畫框的邊框

完成圖

10　0.5　16.5　26　BRÓDERIE　將裝飾底部貼於本體底部上

海扇形裁縫箱原寸紙型

緞帶貝殼小包

材料

象牙色Aida刺繡帶18ct（70目／10cm）15cm×40cm、紫色亞麻布15cm×15cm、印花棉布15cm×45cm、襯棉25cm×35cm、厚塑膠板9cm×13.7cm 6片、薄塑膠板8.4cm×13cm 3片（※使用Clover「貝殼型板」L Size）、0.5cm寬紫色亞麻布50cm、DMC25號繡線各色適量

作法

1　在側面A・B上進行十字繡。

2　在塑膠板（厚質三片・薄質三片）上黏貼鋪棉。

3　在步驟1成品・內側周圍進行平針繡。接著將襯棉置於下方，將步驟2放入、縮口，製作成形（側面A・B及底部要再疊入一片塑膠板）。

4　將內側與側面A・B、底部的背面相對疊合，再於邊緣進行匸字形封口，加以縫合。

5　將三組步驟4成品的外側相對疊合，再請參考下圖組裝、處理兩角收邊。

6　將打好結的緞帶縫組在兩個脇邊上。

● 附錄圖案B面
側面・底部及內側的50%紙型則刊載於圖案（A）面

※ 縫份1.5cm

側面A （B・底部的尺寸亦同）
※ 鋪棉（裁3片）
※ 厚塑膠板（裁6片）

十字繡

Aida 布

9

13.7

側面B

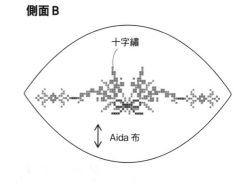

十字繡

Aida 布

13.7

底部

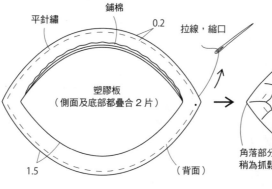

紫色亞麻布

9

13.7

內側 （3片）
※ 襯棉（裁3片）
※ 薄塑膠板（裁3片）

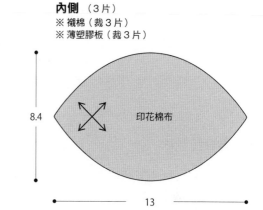

印花棉布

8.4

13

製作各個部分

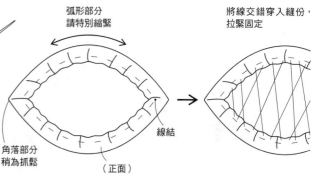

塑膠板

鋪棉

平針繡　鋪棉

0.2

拉線，縮口

弧形部分
請特別縮緊

將線交錯穿入縫份，
拉緊固定

塗少許接著劑

塑膠板
（側面及底部都疊合2片）

1.5

（背面）

角落部分
稍為抓鬆

（正面）

線結

與內側縫合後組裝

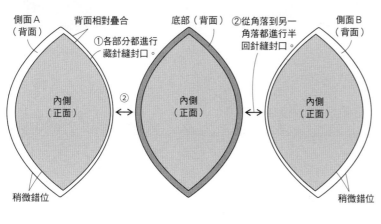

側面A（背面）

背面相對疊合

①各部分都進行藏針縫封口

底部（背面）

②從角落到另一角落都進行半回針縫封口。

側面B（背面）

內側（正面）

②

內側（正面）

②

內側（正面）

稍微錯位

稍微錯位

邊角收邊處理

側面B（正面）

⑤縫合固定，加以補強。

0.5
1

③半回針縫封口。

側面A（正面）

底部（正面）

④勾起三處角落，環繞二至三圈。

將過線兩次的線作為內芯，再將針穿入、掛線後抽針
接著，一邊將完成的針目往左側移動，一邊重複相同步驟，直到右側邊緣為止

抽針

完成圖

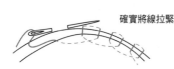

將緞帶（25cm）打結，縫合固定

約9cm

0.5

約9cm

約13cm

藏針縫封口

半回針縫封口

確實將線拉緊

紅線刺繡靠墊

材料
杏色亞麻布40cm×40cm、格紋亞麻布40cm×40cm、30cm拉鍊1條、棉花枕心、OOE花線各色適量

作法
1 在亞麻布上進行刺繡，製作前側。
2 將拉鍊縫合於步驟1成品及後側下邊處。
3 將前側及後側正面相對疊合，再縫製剩下的邊緣部分。縫份則利用Z字形拷克收尾。
4 翻回正面，將枕心塞入。

● 附錄圖案B面

抱枕前側 ※除指定部分之外，縫份均為1.5cm

杏色亞麻布
刺繡
ABCDEFGHI
JKLMNOPQRST
UVWXYZ
34 × 34
3.5 4 5 8 9 2

後側

格紋亞麻布
34 × 34
30cm拉鍊組裝位置
車縫
縫份3.5cm
2

鳥＆果實拉鈴帶

材料
白色亞麻布40cm×15cm、紅色棉布40cm×15cm、布襯35cm×10cm、10cm寬刺繡布掛飾掛勾1組、OOE花線301適量

作法
1 在亞麻布上進行刺繡，製作表布。
2 將裁好的布襯燙貼於步驟1成品上，再將邊緣的縫份往背面摺疊。
3 將裡布邊緣的縫份往背面摺疊（比表布略多0.2cm）。
4 將表布及裡布的背面相對疊合，再留下刺繡布掛飾掛勾的四個穿口，仔細地進行捲針繡縫合邊緣。
5 將刺繡布掛飾掛勾穿入步驟4留下的穿口固定。

● 原寸圖案（B）面

刺繡布掛飾 ※縫份1.5cm

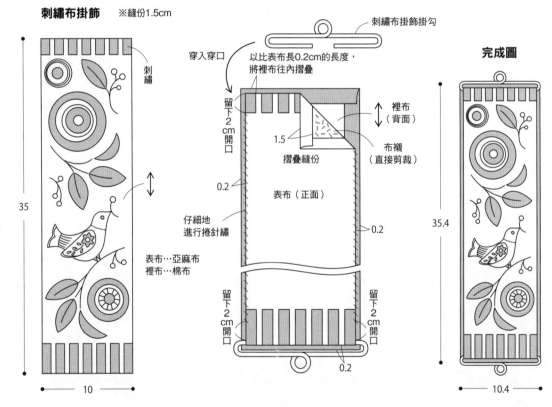

刺繡
35 × 10
表布…亞麻布
裡布…棉布

刺繡布掛飾掛勾
穿入穿口
以比表布長0.2cm的長度，將裡布往內摺疊
留下2cm開口
裡布（背面）
1.5
摺疊縫份
布襯（直接剪裁）
表布（正面）
仔細地進行捲針繡
0.2
留下2cm開口
0.2

完成圖
35.4 × 10.4

表面緞面繡（Surface Satin Stitch）
（甜甜圈狀圖案）

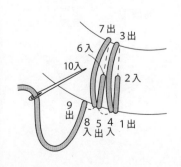

7出 3出 6入 10入 2入 9出 8入 5出 4入 1出

山形繡（Zigzag Stitch）

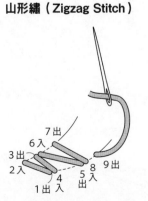

6入 7出 10入 8入 3出 4入 2入 7出 6入 3入 2入 4入 1入 5入 8入 9出

裂線繡（Split Stitch）
（取2股線）

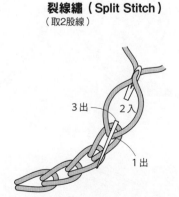

3出 2入 1出

P8 ⑤
字母刺繡 手提包

材料
條紋亞麻布・紫色亞麻布各90cm×50cm、
DMC25號繡線各色適量

作法
1　在兩片本體中的其中一片進行刺繡。
2　將兩片本體正面相對疊合，再縫合兩個脇邊・底部・側邊。
3　將兩片裡袋正面相對疊合，於底部留下返口，以與步驟**2**相同的方式縫合。
4　將本體及裡袋正面相對疊合，再繼續縫合袋口至提把部分。
5　從返口翻回正面，利用捲針繡將返口封合。
6　車縫袋口至提把處。

● 附錄圖案B面
本體50%紙型刊載於圖案（B）面

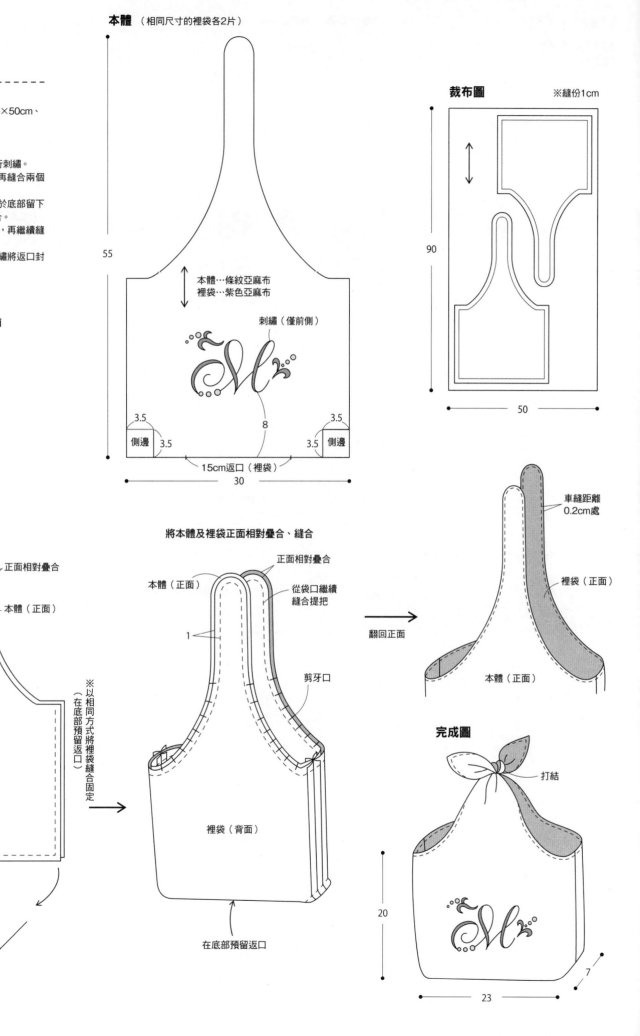

本體（相同尺寸的裡袋各2片）

本體…條紋亞麻布
裡袋…紫色亞麻布

刺繡（僅前側）

55

3.5　側邊　3.5　　8　　3.5　側邊　3.5

15cm返口（裡袋）

30

裁布圖　※縫份1cm

90

50

車縫本體

正面相對疊合
本體（正面）
本體（背面）
1
車縫

縫合側邊
3.5　3.5
1
裁剪

※以相同方式將裡袋縫合固定（在底部預留返口）

將本體及裡袋正面相對疊合、縫合

本體（正面）
正面相對疊合
從袋口繼續縫合提把
1
剪牙口
裡袋（背面）

在底部預留返口

翻回正面

車縫距離0.2cm處
裡袋（正面）
本體（正面）

完成圖

打結

20

23

7

P10 ⑦
維京人圖案
手提包

材料
奶油色亞麻布32ct（12目／1cm）
65cm×35cm、素色棉布65cm×35cm、
2cm寬原色織帶70cm、0.1cm厚提把用皮革
8cm×9cm 2片、OOE花線各色適量

作法
1　在本體亞麻布上進行十字繡。
2　將步驟1正面相對對摺，車縫兩個脇邊。
3　以與步驟2相同的作法，製作裡袋。
4　將裡袋的背面與本體內側相對疊合、放入，再將袋口的縫份往內側摺疊。接著夾入織帶，以藏針縫縫合袋口。
5　將提把用皮革對摺、穿孔（亦可使用縫紉機），再將步驟4成品的織帶夾入，以雙線縫合。

● 原寸圖案〔A〕面

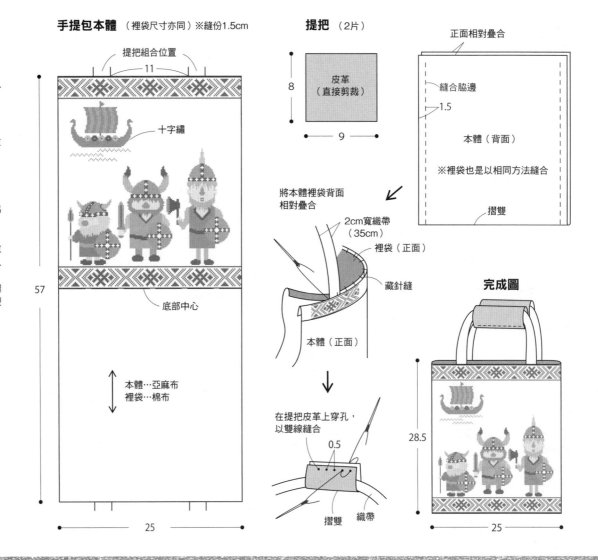

手提包本體（裡袋尺寸亦同）※縫份1.5cm

提把組合位置
11
十字繡
57
底部中心
本體…亞麻布
裡袋…棉布
25

提把（2片）
8
皮革（直接剪裁）
9

正面相對疊合
縫合脇邊
1.5
本體（背面）
※裡袋也是以相同方法縫合
摺雙

將本體裡袋背面相對疊合
2cm寬織帶（35cm）
裡袋（正面）
藏針縫
本體（正面）

完成圖

在提把皮革上穿孔，以雙線縫合
0.5
摺雙　織帶
28.5
25

P11 ⑨
鳥の書衣

材料
16cm寬杏色亞麻布刺繡帶28ct（11目／1cm）40cm、1.8cm寬杏色織帶20cm、DMC25號繡線310適量

作法
1　在亞麻布刺繡帶上進行十字繡。
2　如圖剪去右側的上下兩角（上、下兩端則作為亞麻布刺繡帶的布邊），將邊緣往背面摺疊，以接著劑貼合固定。
3　利用摺山摺疊，將上、下兩端進行捲針繡加以固定，製作口袋。
4　縫合織帶。

● 圖案〔A〕面

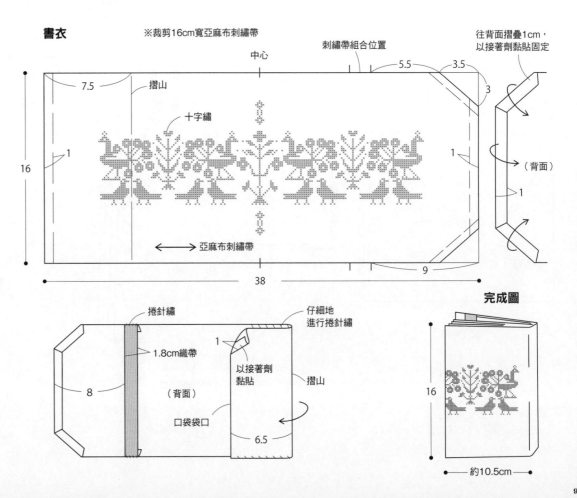

書衣　※裁剪16cm寬亞麻布刺繡帶

刺繡帶組合位置
往背面摺疊1cm，以接著劑黏貼固定
中心
5.5　3.5
3
7.5
摺山
十字繡
16
1
亞麻布刺繡帶
（背面）
1
9
38

捲針繡
仔細地進行捲針繡
1.8cm織帶
1
以接著劑黏貼
摺山
8
（背面）
口袋袋口
6.5

完成圖
16
約10.5cm

直線緞面繡の
裝飾品

材料（1個的用量）
咖啡色亞麻布（8目／1cm）15cm×15cm、白色亞麻15cm×15cm、化纖棉適量、Ginnie Thompson繡線各色適量

作法
1 進行刺繡後，製作前側（直線緞面繡·請參考P.16）。
2 利用繡線製作上方吊線、蓬蓬毛球及裝飾繩。蓬蓬毛球請以與中心相同的線材綑綁，進行麻花編後作成飾繩（剪斷線圈、修整形狀時，請小心勿剪斷裝飾繩）。
3 將步驟1成品與後側正面相對疊合，再將步驟2成品夾入其中。
4 翻回正面，塞入化纖棉，將返口以捲針繡縫合。

● 圖案〔A〕面

吊飾　前側（後側尺寸亦同）

前側···咖啡色亞麻布　後側···白色亞麻布

刺繡（僅前側）
0.8
※縫份1cm
10
5
5
3cm返口
4.5　4.5
9

上方吊線
利用各2條線進行麻花編約15cm

蓬蓬毛球用飾繩
各利用1條線進行麻花編約6cm
中心打結
蓬蓬毛球
2

1
上方吊線對摺後夾入末端
縫合
前側（正面）
後側（正面）
3cm返口
正面相對疊合
將組裝好蓬蓬毛球的裝飾繩夾入
翻回正面
打結
前側（正面）
縫合返口
化纖棉

完成圖
約4.5cm
10
約2cm
9

瑞典Tvistsöm刺繡
隔熱手套

材料
Java Cross布中目（35目／10cm）25cm×25cm、咖啡色不織布25cm×50cm、條紋亞麻布·鋪棉各35cm×50cm、中細款毛線咖啡色·象牙白色各適量

作法
1 在Java Cross布上進行刺繡（瑞典十字繡·請參考P.16）後，與不織布正面相對疊合，縫製。針目的邊緣請進行斜針繡。
2 將鋪棉與步驟1成品疊合，利用疏縫線暫時固定後，與內側布正面相對疊合，再縫製手腕處的袋口。
3 展開步驟2成品，燙開縫份，以此作法製作兩組。
4 將兩組步驟3成品正面相對疊合（本體與本體疊合·內側布與內側布疊合），再留下返口，縫製邊緣，接著翻回正面，縫合返口。
5 袋口進行斜針繡，再縫合流蘇綴飾。

隔熱手套　本體
（左右對稱各一）

不織布
27
接合後進行斜針繡（取1股咖啡色毛線）
在Java Cross布上進行刺繡
19.2
※縫份1cm

內側布（左右對稱各一）
※同尺寸的襯棉2片

亞麻布
27
12cm返口
19.2

組合方式

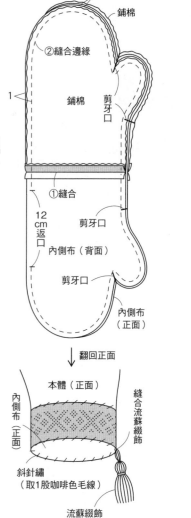

本體（正面相對疊合）
鋪棉
②縫合邊緣
鋪棉
剪牙口
1
①縫合
12cm返口
剪牙口
內側布（背面）
剪牙口
內側布（正面）

完成圖

翻回正面

本體（正面）
內側布（正面）
縫合流蘇綴飾
斜針繡（取1股咖啡色毛線）
流蘇綴飾（咖啡色及象牙白色混搭）

27
19.2
1
6
※流蘇綴飾作法請參考P.115

● 隔熱手套50%紙型刊載於圖案〔B〕面

除指定部分之外，全部進行瑞典十字繡

車縫（接合）位置
※在刺繡的中央處進行車縫

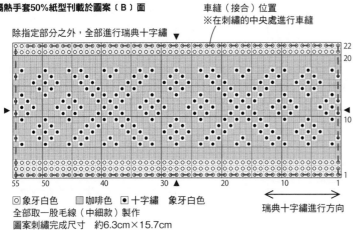

22
20
10
1
55　50　40　30　▲　20　10　1

瑞典十字繡進行方向

▢ 象牙白色　▨ 咖啡色　◉ 十字繡　象牙白色
全部取用一股毛線（中細款）製作
圖案刺繡完成尺寸　約6.3cm×15.7cm

紅色＆金色の
聖誕倒數月曆

材料
DMC Charles Craft Aida布 14ct（55目／10cm）紅色（5800）46cm×38cm・金色（3401）60cm×38cm（46cm×38cm 2片）、1cm寬金色蕾絲帶150cm、4cm寬含金屬線的紅色緞帶120cm、厚紙板3.5cm×35cm 2張、DMC25號繡線各色・Diamant D3821各適量

作法
1　分別在紅色Aida布（B・裁切為46cm×38cm）・金色Aida布（A及C・各裁切為11cm×38cm）的邊緣進行Z字形拷克（或以疏縫線固定亦可），再進行十字繡。
2　在金色Aida布上進行十字繡後，製作口袋 將蕾絲帶組裝在口袋袋口上，再將邊緣的縫份往背面摺疊。
3　將口袋縫合於B上。縫製時，請於袋口留一些空隙，以便物品放置及拿取。
4　將A、C正面相對疊合，縫製於B的上下端，再將縫份往B側翻摺，熨壓。接著，再將兩個脇邊的縫份往背面摺疊，縫合。
5　將A、C對摺，再縫合B的邊緣。
6　以捲針繡將緞帶縫合於A的背面，再將厚紙板放入捲成圓筒狀的A和C。

● 圖案〔B〕面

紅色刺繡木框

材料
白色亞麻布30cm×25cm、印花亞麻布40cm×30cm、內徑30cm×22.5cm畫框1個、DMC25號繡線816・Diamant D168・D301・D3821各適量

作法
1　在白色亞麻布上進行刺繡。上半部的圓弧部分，先在縫份進行平針繡，置入紙模後縮口，再以熨斗熨燙定型。
2　利用貼布繡技巧，將步驟1成品圖案繡於印花亞麻布上。
3　利用繡線製作扭繩（可使用市售的扭繩器製作，更為便利），再利用釘線繡技法，將扭繩縫製固定於貼布繡邊緣。扭繩兩端的交叉點在作品下半部，打結後製成流蘇綴飾。
4　在印花亞麻布上進行檞寄生圖案的刺繡。

● 圖案〔B〕面

貼布繡版型製作

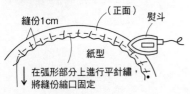

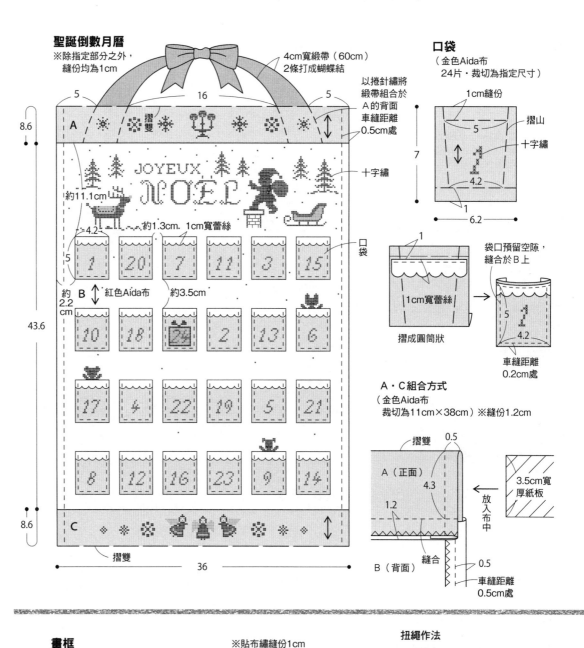

P13 ⟨12⟩ 民族風迷你墊

材料
杏色亞麻布32ct（12目／1cm）
15cm×30cm、OOE花線各色適量

作法
1　在亞麻布上進行十字繡。
2　從兩個脇邊開始，往背面進行邊緣繡，
剩下邊緣2cm後，剪去多餘線材，再抽出橫
向織線，製成邊緣穗飾。
3　將上下各往內摺疊三褶。

● 圖案〔A〕面

迷你墊　　　　　　　　　　　※縫份1.5cm

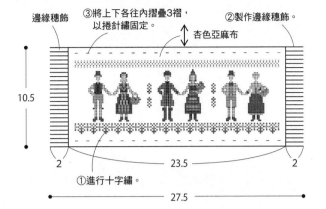

邊緣穗飾
③將上下各往內摺疊3褶，以捲針繡固定。
②製作邊緣穗飾。
杏色亞麻布
10.5
2　　23.5　　2
①進行十字繡。
27.5

邊緣繡　（裡側）

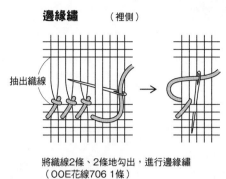

抽出織線

將織線2條、2條地勾出，進行邊緣繡
（OOE花線706 1條）

P19 ⟨17⟩ ⟨18⟩ 裝飾品＆迷你靠墊

材料（雪人刺繡飾品1個的用量）
原色亞麻布・素色棉布各15cm×10cm、黑
色不織布・咖啡色系不織布各適量、直徑
1cm蓬蓬毛球2顆、鈴鐺・直徑0.5cm金屬圓
環各1個、化纖棉・銀色Lame金屬線各適
量、Cosmo 25號繡線2311適量

作法
1　將後側與已刺繡完成的前側正面相對疊
合，留下返口後縫合邊緣。
2　將步驟1成品翻回正面，塞入化纖棉後
縫合返口。接著，組裝帽子・圍巾・蓬蓬毛
球・鈴鐺。將金屬圓環組裝於帽子上，再將
Lame金屬線打結，固定。
※其他四個作法相同。

● 圖案〔B〕面

材料（迷你抱枕1個的用量）
【長方形】白色亞麻布（Cosmo Classy
No.300）20cm×30cm、杏色亞麻布
（Cosmo Classy No.500）25cm×40cm、
紅色印花布・綠色印花布各15cm×15cm、白
色系印花布25cm×35cm、直徑1cm蓬蓬毛
球4顆
【正方形】白色亞麻布（Cosmo Classy
No.300）20cm×20cm、Cosmo Java Cross
布No.3800細目（45目／10cm）灰白色
30cm×20cm、紅色印花布30cm×25cm、
條紋棉布30cm×30cm
【兩款共通】化纖棉・Lame金屬線各適量、
Cosmo 25號繡線各色適量

作法
1　在白色亞麻布及Java Cross布上進行刺
繡，再將其他的小布片拼縫，進行貼布繡，
完成前側。
2　將後側與步驟1成品正面相對疊合，留
下返口後縫合邊緣。
3　翻回正面，塞入化纖棉，縫合返口。

● 圖案〔B〕面

迷你靠墊（長方形）　　　　　※縫份1cm

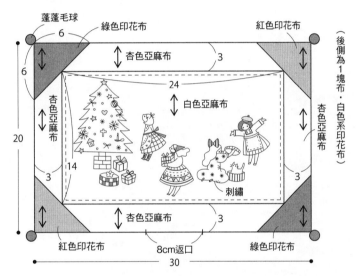

蓬蓬毛球
綠色印花布
紅色印花布
6　　6
杏色亞麻布
杏色亞麻布
白色亞麻布
24
20
14
刺繡
3　　3
紅色印花布
8cm返口
綠色印花布
30
（後側為1塊布・白色系印花布）

迷你靠墊（正方形）　　　　　※縫份1cm

十字繡
3.5　　18　　3.5
0.5　　0.5
反轉貼布繡　　直徑13cm
7目約1.6cm
25
Java Cross布
2.5　　2.5
白色亞麻布
刺繡
6
12cm返口
25
（後側為1片布・條紋棉布）

十字繡　（右側）
10
重複進行25cm部分
7　　1
⊠ 2311　△ 902
○ 2241
Cosmo 25號繡線
均取3股線
※左側則將配色
左右反轉進行

刺繡飾品
（雪人）

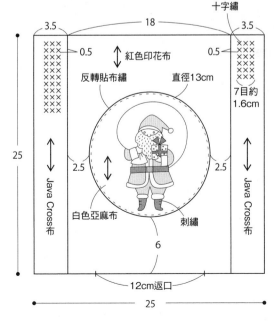

以捲針繡組合
2片不織布
（直接剪裁）

將帽子戴上，
以捲針繡固定

前側…
原色亞麻布
後側…
印花布
※縫份1cm

前側
（正面）

刺繡

塞入化纖棉
後封口

完成圖

Lame金屬線
金屬圓環
蓬蓬圓球
鈴鐺
圍巾
（將不織布剪裁為
0.7cm×15cm）
約11.5
約6cm

白色不織布 聖誕樹

材料

白色不織布20cm×20cm 4片、印花棉布適量、1.8cm寬蕾絲帶100cm、0.7cm寬絨布緞帶40cm、2cm寬緞帶飾物12個、緞帶形蕾絲主題圖樣・小花形蕾絲主題圖樣各適量、直徑0.8cm金色串珠・小圓串珠各12顆、直徑0.6cm白色珍珠串珠適量、直徑1cm鈕釦1顆、DMC25號繡線・Diamant各色繡線適量

作法

1 在四片不織布上標註完成線，進行貼布繡及刺繡後，考量整體平衡感，縫合串珠及飾物。

2 將步驟1成品兩片、兩片地背面相對疊合，沿完成線進行裁剪。除了底部之外，以捲針繡將邊緣縫合，再將金色串珠及小圓串珠縫合於角落，以此作法製作兩組。

3 將兩組成品疊合，將中心的三處及上、下部分縫合固定，最後於頂端縫合緞帶及鈕釦。

● 圖案（B）面

聖誕樹 （4片）

※考量整體平衡感，在喜歡的位置上進行貼布繡

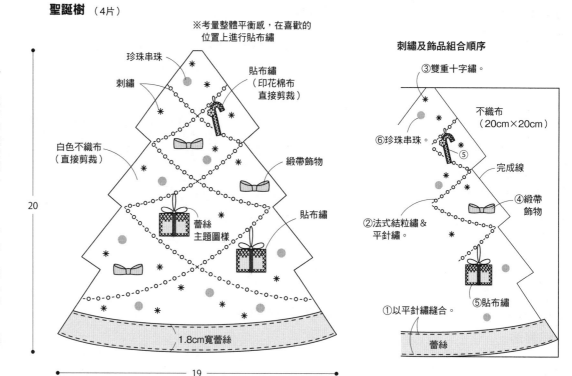

刺繡及飾品組合順序

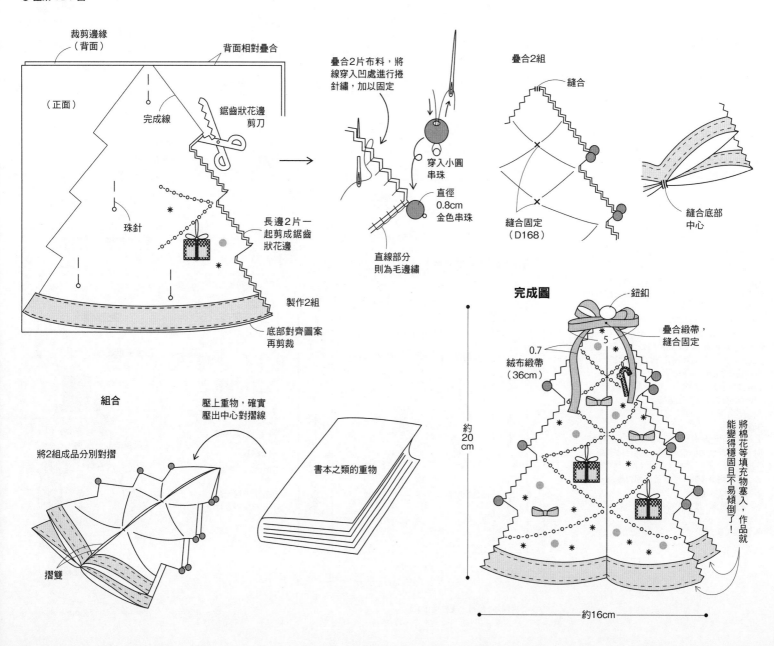

Baby繪本

材料

奶油色棉布60cm×50cm、淺藍色棉布25cm×5cm、6cm寬蕾絲45cm、1cm寬蕾絲140cm、0.5cm寬蕾絲60cm、0.2cm厚保麗龍板25.5cm×18cm 4片、DMC25號繡線各色適量

作法

1 在A至D上進行刺繡。
2 利用步驟1成品包捲保麗龍板,貼合固定。A·D上方再疊合蕾絲帶。
3 將封底及蕾絲帶夾入中間,再將A·B背面相對疊合,黏貼固定。除了封底之外的三邊,都要貼上1cm寬的蕾絲,覆蓋兩片帶厚度的部分。
4 與步驟3相同,將C·D黏貼在封底的另一側。

● 圖案〔B〕面

完成圖

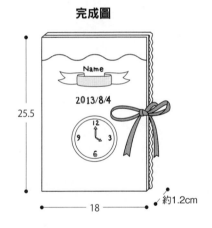

25.5

18

約1.2cm

A（封面） ※黏貼處2cm

4cm寬蕾絲
Name
2013/8/4

12
9 3
6

封底側
封底側
緞帶縫合位置

25.5
12.5
12.5
18

奶油色棉布
刺繡

B

The Baby Time
3
Morning   Friends
Toys   Bath time
奶油色棉布

封底側

C

↑ 奶油色棉布

Sleepy

D

4cm寬蕾絲
3 cm
kg

封底側
奶油色棉布

封底

↑ 淺藍色棉布（直接剪裁）

24.5
5

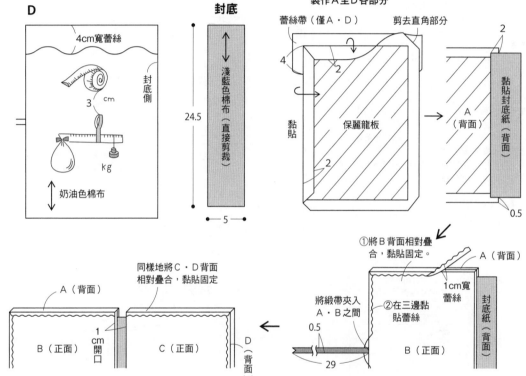

製作A至D各部分

蕾絲帶（僅A·D）   剪去直角部分
4   2   2
保麗龍板
黏貼
2

A（背面）
黏貼封底紙（背面）
0.5

①將B背面相對疊合,黏貼固定。
A（背面）
1cm寬蕾絲
封底紙（背面）
將緞帶夾入A·B之間
②在三邊黏貼蕾絲
0.5   B（正面）
29

同樣地將C·D背面相對疊合,黏貼固定
A（背面）
B（正面）
1cm開口
C（正面）
D（背面）

原寸圖案

全部使用DMC25號繡線
除指定部分之外,全部使用兩股線·緞面繡

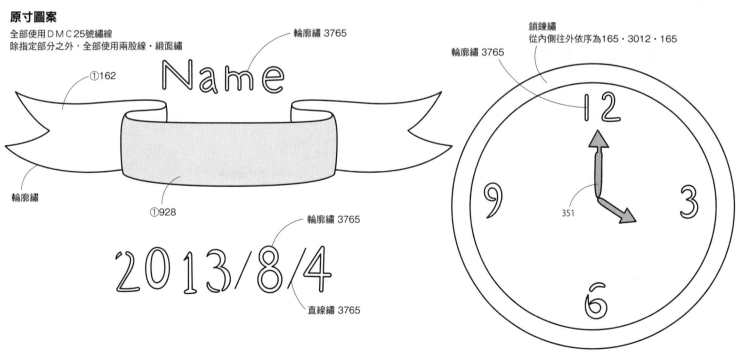

①162

輪廓繡 3765

Name

輪廓繡

①928

2013/8/4

輪廓繡 3765
直線繡 3765

鎖鍊繡
從內側往外依序為165·3012·165

輪廓繡 3765

12
9 3
6

351

點心盒

材料

杏色亞麻布25ct（10目／10cm）15cm×20cm、紫色亞麻布・黑白格紋棉布各30cm×70cm、綠色圓點棉布40cm×50cm、2mm厚紙板…〔本體底部〕11.2cm×17.2cm 1片、〔本體側面〕5cm×17.2cm・5cm×11.6cm各2片、〔盒蓋側面〕3cm×18cm・3cm×12.4cm各2片、1mm厚紙板…〔盒蓋上面〕12cm×18cm・12.4cm×18.4cm各1片、肯特紙…〔本體內部・外底部〕11cm×17cm 2片、〔本體側面內側〕4.5cm×17cm・4.5cm×11cm各2片、〔袋蓋內側〕11.8cm×17.8cm 1片、〔盒蓋側面外側〕2.8cm×65cm 1片、鋪棉10cm×15cm、水黏性膠帶・布盒專用接著劑各適量、Fujix MOCO繡線各色適量

作法

1　將本體厚紙板組裝成盒狀，再將布貼於側面外側。

2　將肯特紙貼於內底布・側面內側布・外底布上，再貼於步驟1成品上。

3　將盒蓋厚紙板組合成盒狀。盒蓋上面要先將一張厚紙板的中央部分挖空，貼上布料，再將已貼妥鋪棉・作好十字繡的布夾在它與另一張厚紙板之間。

4　將肯特紙貼在盒蓋側面布・內側布上，再貼於步驟3成品上。

● 圖案〔A〕面

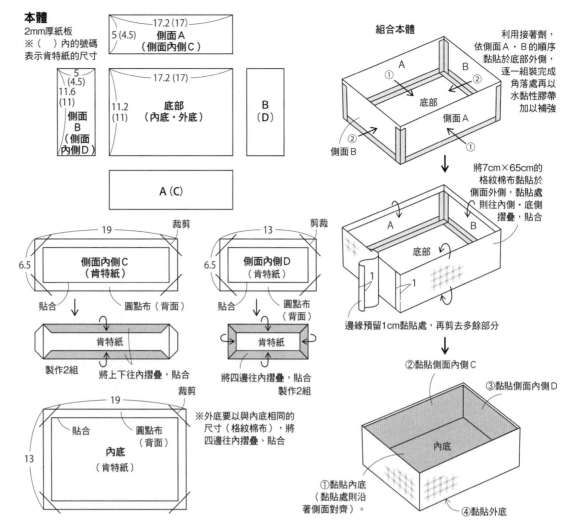

本體
2mm厚紙板
※（　）內的號碼表示肯特紙的尺寸

側面A（側面內側C）　17.2（17）　5（4.5）

底部（內底・外底）　17.2（17）　5（4.5）　11.6（11）　11.2（11）

側面B（側面內側D）

B（D）

A（C）

側面內側C（肯特紙）　19　6.5　裁剪
貼合　圓點布（背面）
將上下往內摺疊，貼合
製作2組

側面內側D（肯特紙）　13　6.5　剪裁
貼合　圓點布（背面）
將四邊往內摺疊，貼合　製作2組

內底（肯特紙）　19　13　裁剪
貼合　圓點布（背面）
※外底要以與內底相同的尺寸（格紋棉布），將四邊往內摺疊、貼合

組合本體
利用接著劑，依側面A・B的順序黏貼於底部外側，逐一組裝完成角落處再以水黏性膠帶加以補強

將7cm×65cm的格紋棉布黏貼於側面外側，黏貼處則往內側・底側摺疊，貼合
邊緣預留1cm黏貼處，再剪去多餘部分

②黏貼側面內側C
③黏貼側面內側D
①黏貼內底（黏貼處則沿著側面對齊）。
④黏貼外底

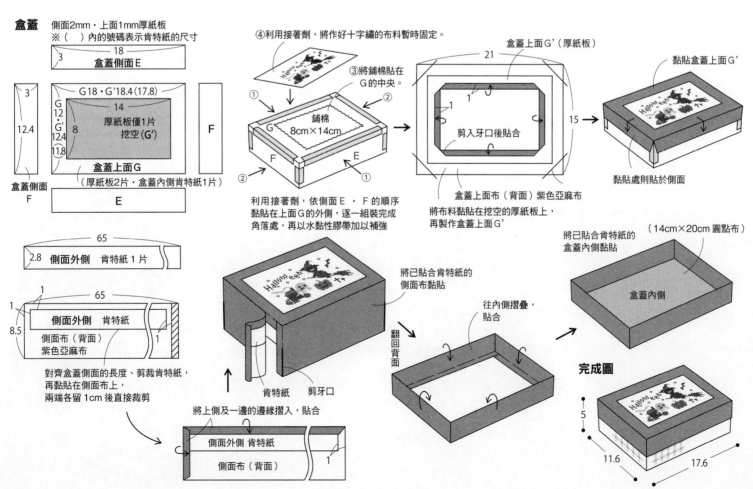

盒蓋
側面2mm・上面1mm厚紙板
※（　）內的號碼表示肯特紙的尺寸

盒蓋側面E　18　3

盒蓋上面G（厚紙板2片・盒蓋內側肯特紙1片）
G18・G'18.4（17.8）　14
厚紙板僅1片挖空（G'）
G12・G'12.4・11.8　8　12.4

盒蓋側面F　3　F

E

側面外側 肯特紙 1片　65　2.8

側面外側 肯特紙
側面布（背面）紫色亞麻布　65　1　8.5
對齊盒蓋側面的長度、剪裁肯特紙，再黏貼在側面布上，兩端各留1cm後直接裁剪

④利用接著劑，將作好十字繡的布料暫時固定。
③將鋪棉貼在G的中央。
鋪棉8cm×14cm
利用接著劑，依側面E・F的順序黏貼在上面G的外側，逐一組裝完成角落處，再以水黏性膠帶加以補強

盒蓋上面G'（厚紙板）　21　1
剪入牙口後貼合
盒蓋上面布（背面）紫色亞麻布
將布料黏貼在挖空的厚紙板上，再製作盒蓋上面G'

黏貼盒蓋上面G'　15
黏貼處則貼於側面

將已貼合肯特紙的側面布黏貼
肯特紙　剪牙口
將上側及一邊的邊緣摺入，貼合
側面外側 肯特紙
側面布（背面）
翻回背面

往內側摺疊，貼合

將已貼合肯特紙的盒蓋內側黏貼（14cm×20cm 圓點布）
盒蓋內側

完成圖
5　11.6　17.6

P42 34
紅包袋

材料

【紅包袋1個的用量】杏色亞麻布20cm×15cm、綠色亞麻布25cm×15cm、格紋亞麻布25cm×30cm、直徑0.8cm四合釦1組、Fujix MOCO繡線各色適量

【胸花1個的分量】杏色亞麻布7cm×15cm、化纖棉適量、3cm長胸花別針1個、Fujix MOCO繡線各色適量

作法（紅包袋）

1　在前側表布上進行刺繡。與裡布正面相對疊合後，縫製袋口，翻回正面。
2　將後側表布與步驟 1 成品的前側表布正面相對疊合，縫製返口位置（返口長度6cm+上下各1cm，共8cm）。
3　將後側表布與步驟 2 成品的前側裡布正面相對疊合，留下返口後縫合邊緣。
4　從返口翻回正面，整理紅包袋形狀。
5　以捲針繡縫合返口，再縫上四合釦。
※胸針作法請參考下圖。

● 圖案〔A〕面

紅包袋前側　※ 縫份 1cm

表布…杏色亞麻布
裡布…格紋亞麻布

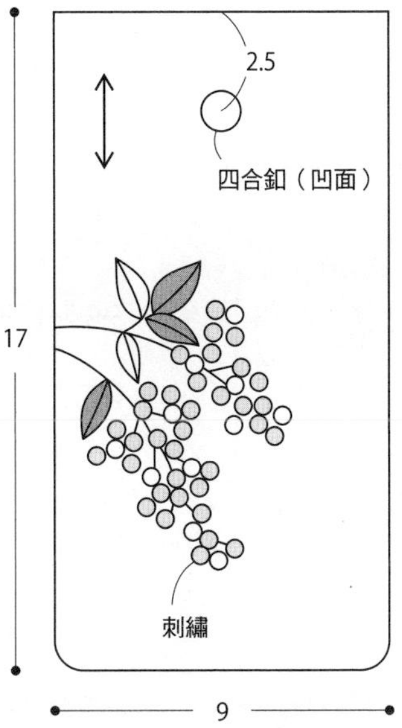

2.5
四合釦（凹面）
17
刺繡
9

後側

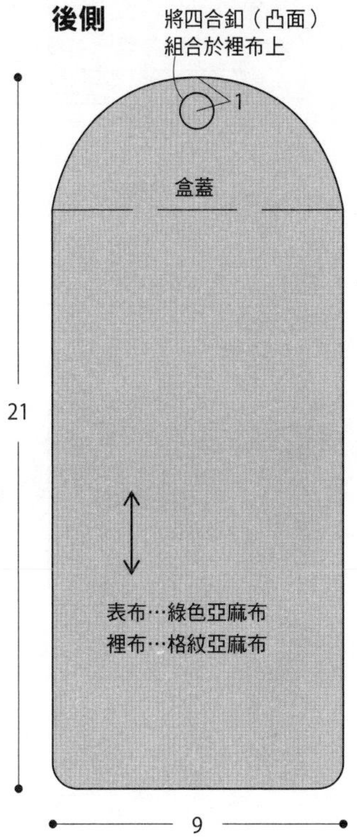

將四合釦（凸面）
組合於裡布上
1
盒蓋
21
表布…綠色亞麻布
裡布…格紋亞麻布
9

胸花
（後側尺寸亦同 · 使用相同的亞麻布）

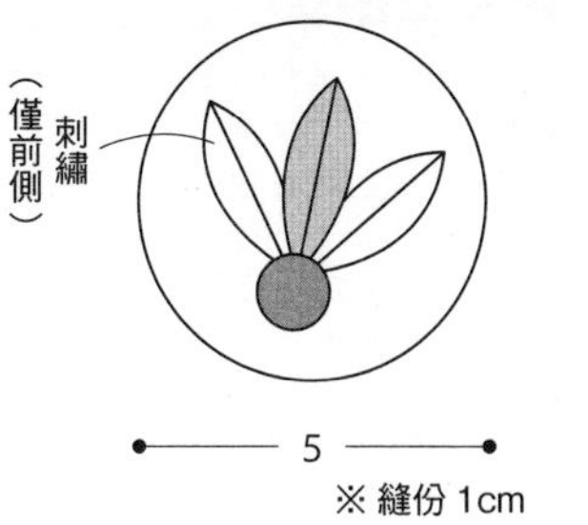

刺繡
（僅前側）
5
※ 縫份 1cm

胸花作法

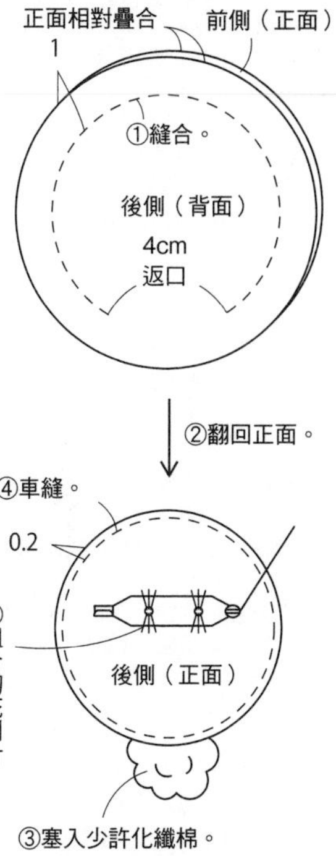

正面相對疊合
前側（正面）
1
①縫合。
後側（背面）
4cm
返口
②翻回正面。
④車縫。
0.2
⑤組合胸花別針。
後側（正面）
③塞入少許化纖棉。

紅包袋

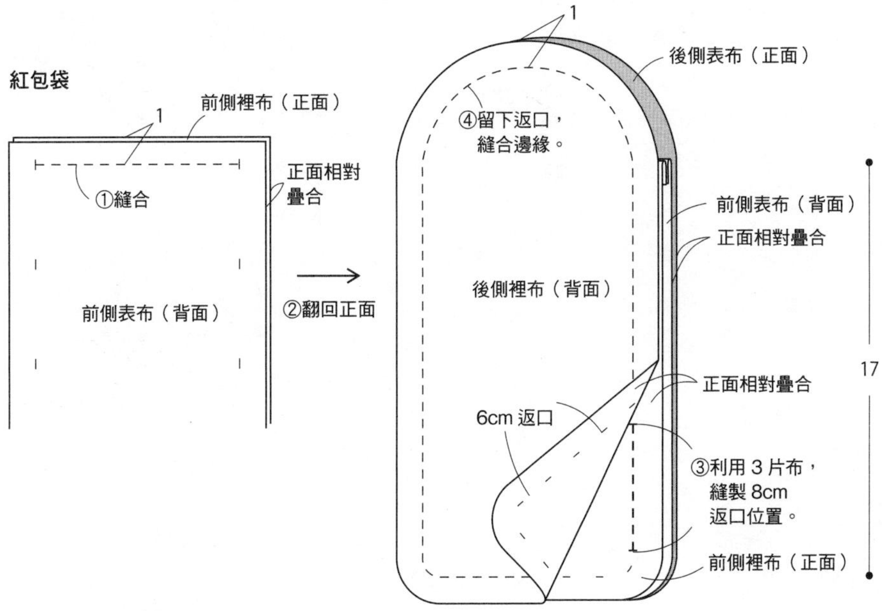

1
前側裡布（正面）
正面相對
疊合
①縫合
前側表布（背面）
②翻回正面
1
後側表布（正面）
④留下返口，
縫合邊緣。
前側表布（背面）
正面相對疊合
後側裡布（背面）
正面相對疊合
6cm 返口
③利用 3 片布，
縫製 8cm
返口位置。
前側裡布（正面）

完成圖

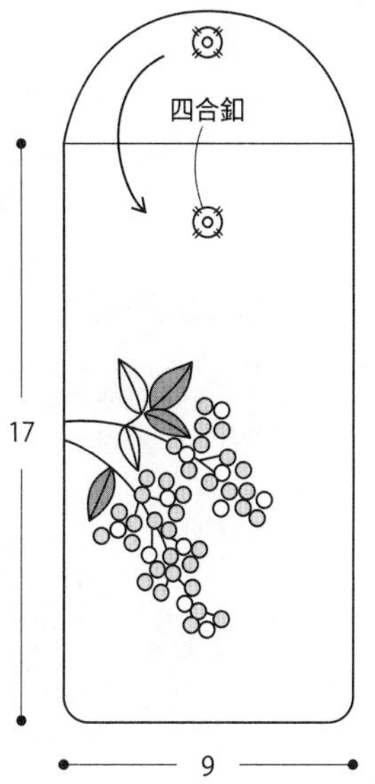

四合釦
17
9

完成圖

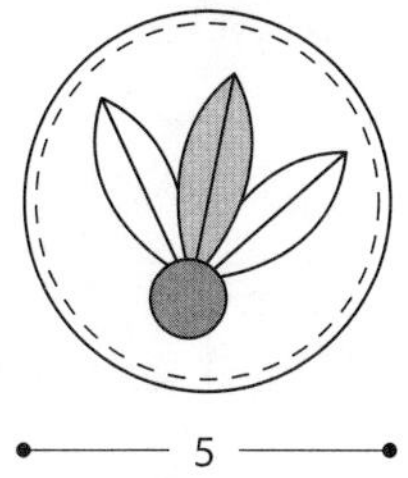

5

胸花原寸圖案

全部使用 Fujix MOCO 繡線一股，
除指定部分之外，全部進行緞面繡

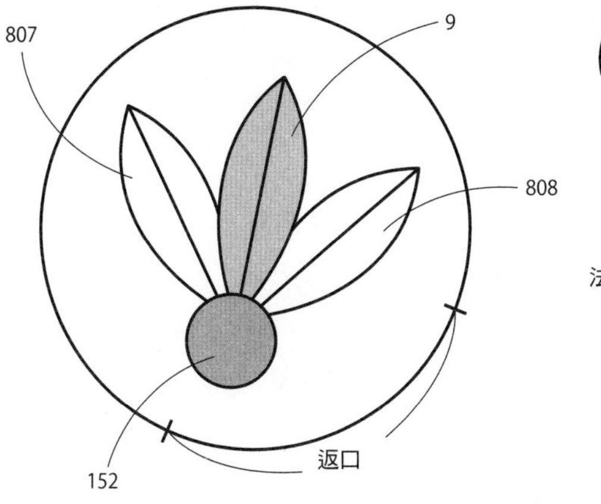

807
9
808
152
返口

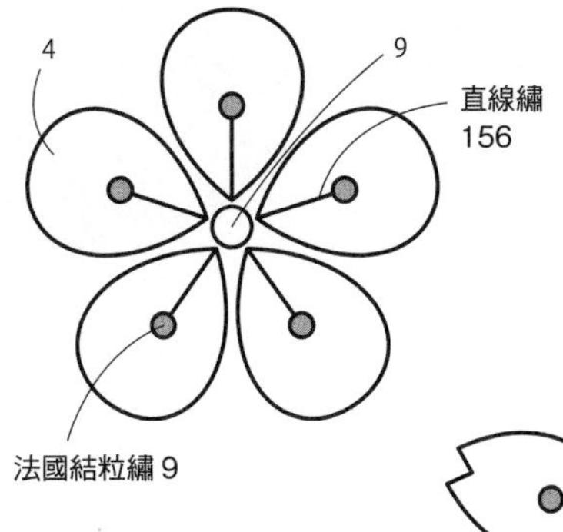

4
9
直線繡
156
法國結粒繡 9

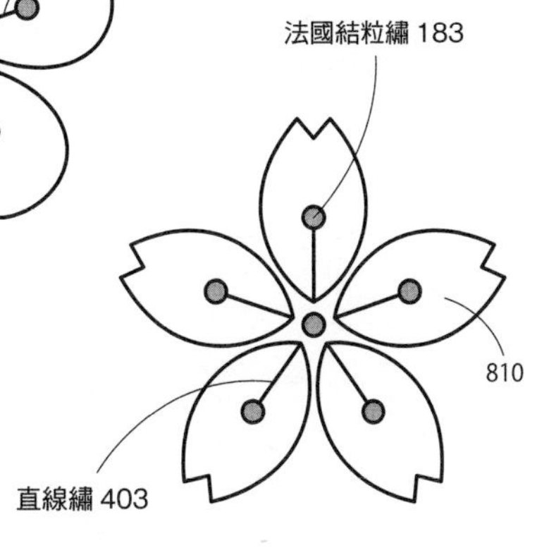

法國結粒繡 183
810
直線繡 403

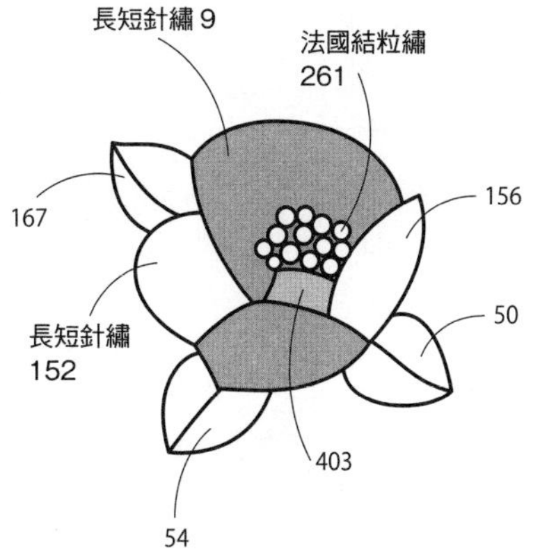

長短針繡 9
法國結粒繡
261
167
156
長短針繡
152
50
403
54

巧克力磁鐵

材料

【盒子】紅色亞麻布50cm×70cm、杏色亞麻布32ct（12目／1cm）10cm×10cm、鋪棉5cm×5cm、2mm厚紙板…〔本體〕16cm×16cm 1片、〔本體外底〕14cm×14cm 1片、〔盒蓋外側〕17.8cm×17.8cm 1片、〔盒內隔間〕1.5cm×11.8cm 4片、1mm厚紙板…〔盒蓋內側〕12.5cm×12.5cm 1片、肯特紙…〔本體內底〕11.6cm×11.6cm 1片、紅色圖畫紙…〔本體外底裡〕13.6cm×13.6cm 1片、水黏性膠帶、布盒專用接著劑適量、DMC25號繡線各色適量
【磁鐵1個的用量】亞麻布32ct（12目／1cm）10cm×10cm、咖啡色不織布5cm×5cm、1.8cm寬緞帶（羅紋緞帶、玻璃紗緞帶或蕾絲均可）12cm、鋪棉適量、直徑3cm包釦內裡、直徑2cm磁鐵各1顆、DMC25號繡線各色適量

作法（盒子）

1 將本體厚紙板組裝成盒狀，再將布貼在側面外側‧內側上。
2 將厚紙板貼在本體外底布上，再將有色圖畫紙貼於背面，並將肯特紙貼於本體內底布上。
3 將本體內底對齊本體內側，本體外底對齊本體外側後貼合。
4 將貼好布的厚紙板作成盒內隔間，置入步驟3成品當中。
5 將盒蓋外側的厚紙板中央挖空，以與本體相同的作法組裝。接著黏貼盒蓋外側布，再將作好十字繡的布料貼於內側上，疊合襯棉。
6 將厚紙板貼於盒蓋內側布上，再黏貼於步驟5成品的內側。

作法（磁鐵）

1 在已作好十字繡的布料邊緣進行平針繡，再將2至3片鋪棉塞入包釦內裡，縫合縮口。
2 將緞帶接成環狀，縫縫邊緣處，再縫合於步驟1成品的背面。接著將不織布疊於裡側，將磁鐵夾入後，以捲針繡固定邊緣。

●原寸圖案（A）面

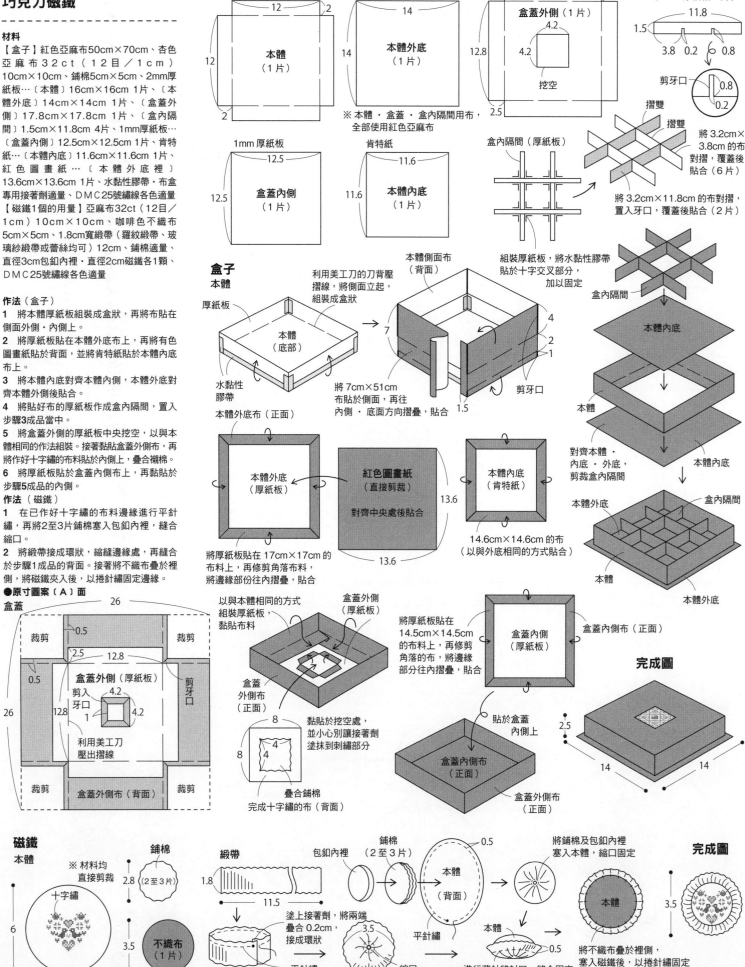

緞帶托盤

材料

乳白色亞麻布32ct（12目／1cm）
20cm×40cm、淺藍色圓點棉布
30cm×30cm、淺藍色格紋布（斜紋布
帶）25cm×25cm、2mm厚紙板…〔外
底〕12.5cm×12.5cm 1片、〔側面外
側〕4.5cm×12.5cm 4片、肯特紙…〔內
底〕12.3cm×12.3cm 1片、〔側面內
側〕4.3cm×12.3cm 4片、0.6cm寬原色
緞帶160cm、水黏性膠帶、布盒專用接著
劑各適量、DMC25號繡線各色適量

作法

1　將外底及側面外側的厚紙板貼於外側布
上（外底邊緣間隔0.5cm），將角落部分摺
成三角狀後貼合。與側面外側厚紙板疊合的
縫份，則要特別考量紙板厚度，確實貼合固
定。

2　將緞帶組合於步驟1成品側面脇邊的八
處，再將邊緣的四邊往內側摺，貼合。

3　將肯特紙貼在四片側面內側上，並摺疊
邊緣留下底側的三邊，貼合於步驟2成品
上。

4　將肯特紙貼在已作好十字繡的內底布
上，再貼合於步驟3成品上。

● 圖案〔A〕面

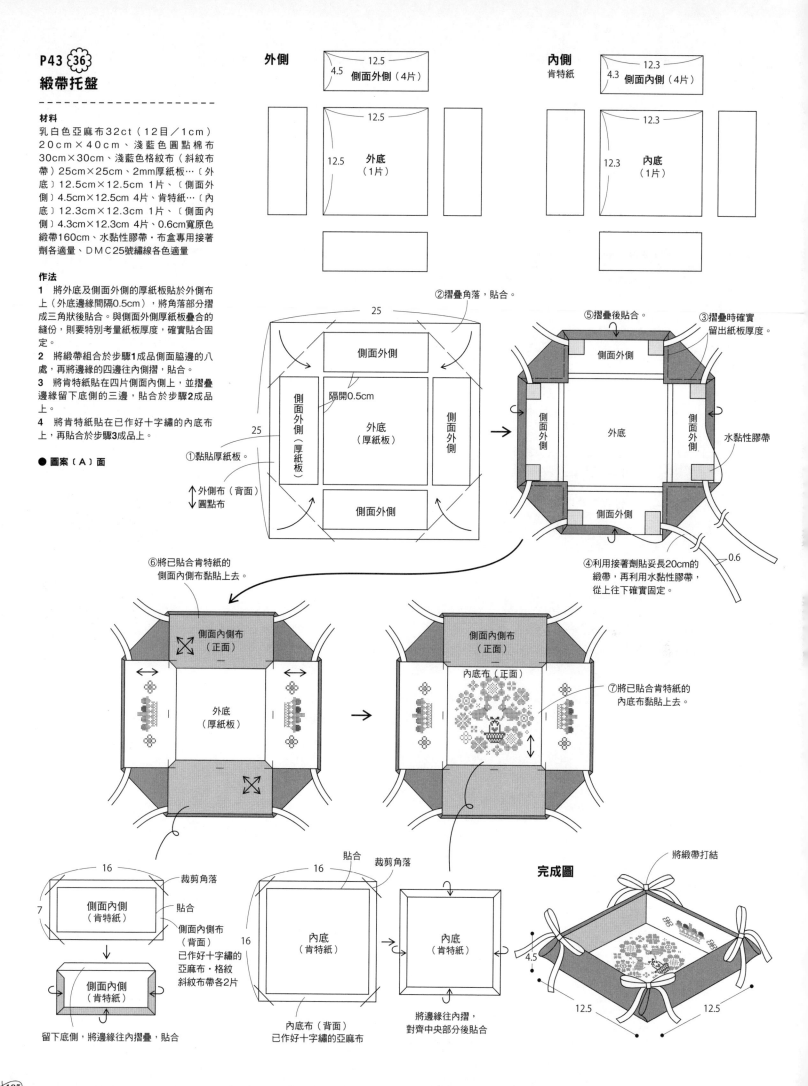

P46 39

通園通學包

材料
圓點棉布110cm×20cm、杏色亞麻布80cm×60cm、布襯15cm×75cm、DMC25號繡線各色適量

作法
1 處理圓點棉布（依圓點的大小及間隔不同，成品也會有所不同，因此要將尺寸稍微抓得大一些）上、下兩端的縫份，再進行皺褶繡（請參考P.47‧P.107）。一邊確認尺寸、一邊進行皺褶繡，再將兩個脇邊正面相對疊合，車縫為70cm的環狀。
2 將本體正面相對對摺，再縫合兩個脇邊及底部的側邊。
3 製作提把及貼邊。
4 將貼邊與本體袋口正面相對疊合，再將提把夾入，縫製袋口。接著將貼邊翻回正面，車縫於袋口上。
5 事先避開貼邊，再利用星止縫將步驟1成品縫合，固定於本體袋口上。

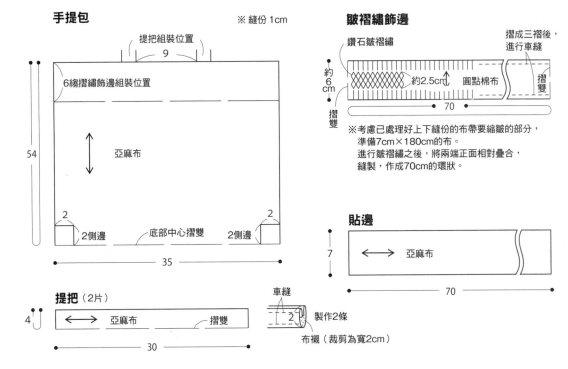

手提包 ※縫份1cm

提把組裝位置 9
6縷摺繡飾邊組裝位置
亞麻布
54
35
2 2側邊 2側邊 2
底部中心摺雙

提把（2片）
4 亞麻布 摺雙
30
車縫 2 製作2條
布襯（裁剪為寬2cm）

皺褶繡飾邊
鑽石皺褶繡 摺成三褶後，進行車縫
約6cm 約2.5cm 圓點棉布 摺雙
摺雙
70

※考慮已處理好上下縫份的布帶要縮皺的部分，準備7cm×180cm的布。進行皺褶繡之後，將兩端正面相對疊合，縫製，作成70cm的環狀。

貼邊
7 亞麻布
70

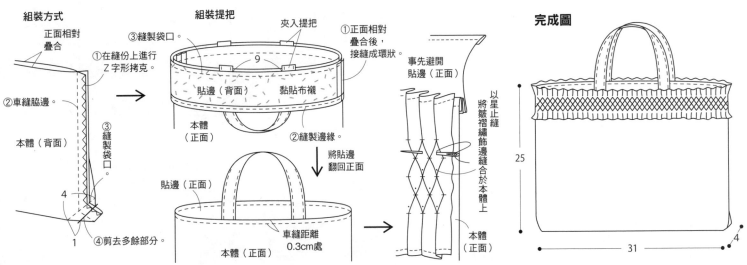

組裝方式
正面相對疊合
①在縫份上進行Z字形拷克。
②車縫脇邊。
本體（背面）
③縫製袋口。
4 1
④剪去多餘部分。

組裝提把
③縫製袋口。 夾入提把 ①正面相對疊合後，接縫成環狀。
9
貼邊（背面） 黏貼布襯
本體（正面） ②縫製邊緣。
貼邊（正面）
將貼邊翻回正面
本體（正面） 車縫距離0.3cm處
事先避開貼邊（正面）
以星止縫將皺褶繡飾邊縫合於本體上
本體（正面）

完成圖
25
31 4

P1

迷你刺繡
別針原寸圖案

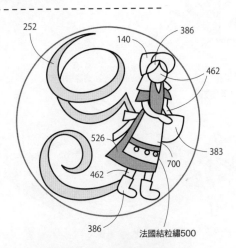

252 140 386 462 526 462 700 383 386 法國結粒繡500

全部使用Cosmo 25號繡線兩股
除指定部分之外，全部進行緞面繡

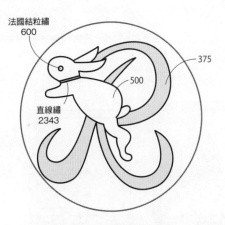

法國結粒繡600 375 500 直線繡2343

將刺繡完成的布裁為直徑8cm的圓形，再以平針縫縫製邊緣一圈，將直徑5cm的胸針碗狀部分放入布中，拉線縮口，利用接著劑黏貼於胸針座台上

輪廓繡312 法國結粒繡312 214 383

杯子收納袋

材料
圓點棉布60cm×30cm、1cm寬蒂羅爾繡帶100cm、DMC25號繡線970適量

作法
1 配合圓點棉布的花樣，進行皺褶繡及雛菊繡（請參考P.47）。依圓點的大小及間隔不同，成品也會有所不同，因此要準備尺寸稍微大一些的布，再於皺褶繡完成後，重新標註一次整體的完成線。兩個脇邊的縫份，則以Z字形拷克處理。
2 將步驟1成品正面相對對摺，再留下束繩穿口後縫製兩個脇邊，接著燙開縫份。
3 將袋口往背面摺疊，縫合，再製作束繩穿口。
4 將作品整體翻回正面。從束繩穿口兩邊交叉穿入兩條蒂羅爾繡帶，再將末端打結。

※使用於本書作品的圓點圖樣

直徑 0.5 cm
0.9
0.9

本體 （在前・後側的相同位置上進行皺褶繡及刺繡）

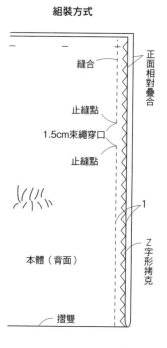

※縫份1cm

圓點棉布
摺山
4.2
2.5
1.5 束繩穿口
46.4
15
鑽石皺褶繡（2段・取4股線）
9組圖樣分量
3
3.5　3.5
2.5
鑽石皺褶繡（3股）※請參考P.47
雛菊繡（4股）
中心
4
底部中心摺雙
19

組裝方式

縫合
止縫點
1.5cm束繩穿口
止縫點
本體（背面）
正面相對疊合
Z字形拷克
摺雙
1

製作束繩穿口

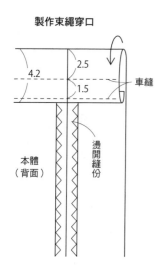

2.5
4.2
1.5
車縫
本體（背面）
燙開縫份

穿入束繩 從束繩穿口兩邊交叉穿入2條

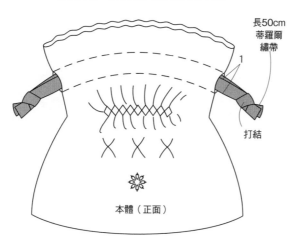

長50cm蒂羅爾繡帶
1
打結
本體（正面）

完成圖

約19cm
19

鑽石・皺褶繡作法 （配合圓點圖樣進行刺繡25號繡線・4股）

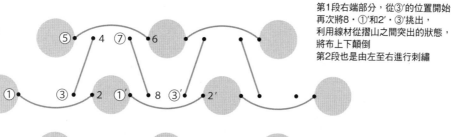

重複進行①〜8
由左往右進行刺繡
①③⑤⑦…將針穿出
2 4 6 8…將針穿入

⑤　4　⑦　6
①　③　2　①'　8　③'　2'

第1段右端部分，從③'的位置開始再次將8・①'和2'・③'挑出，利用線材從摺山之間突出的狀態，將布上下顛倒
第2段也是由左至右進行刺繡

雛菊繡
（配合圓點圖樣進行刺繡25號繡線・4股）

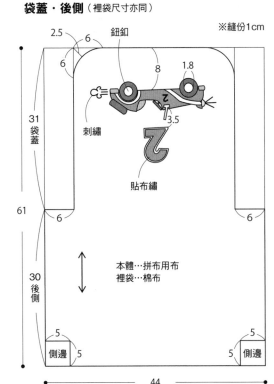
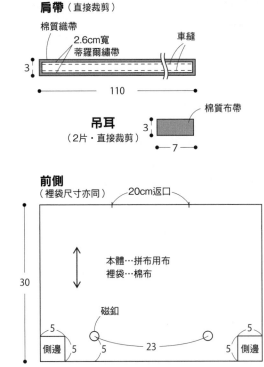

P50 ⟨41⟩

跑車側背包

材料

深藍色拼布用布・印花棉布各70cm×100cm、不織布紅色・白色・深藍色・灰色・黃色各適量、雙膠布襯適量、3cm寬棉質布帶125cm、2.6cm寬蒂羅爾繡帶110cm、內徑3cm角環2個、內徑3cm皮帶釦環1個、直徑1.8cm鈕釦2顆、直徑1.5cm磁釦2組、Olympus 25號繡線各色適量

作法

1　在袋蓋部分進行貼布繡（先在不織布上黏貼雙膠布襯、裁切成指定尺寸後，撕下背面的剝離紙，利用熨斗熨壓拼布用布，使其充分黏合）及刺繡。

2　將後側部分及前側部分正面相對疊合，再縫合脅邊至底部，並縫製側邊。

3　利用疏縫技巧，將穿入角環的固定垂片暫時固定於本體脅邊上。

4　以與步驟2相同的作法製作裡袋。

5　將本體及裡袋正面相對疊合，留下返口，縫合袋蓋至袋口部分。

6　從返口翻回正面，組裝磁釦。利用捲針繡縫合返口，再車縫袋蓋至袋口部分。

7　製作已組裝皮帶釦環的肩帶，再穿入固定垂片的角環，縫製固定。

● 圖案（B）面

袋蓋・後側（裡袋尺寸亦同）

※縫份1cm

2.5　6　鈕釦

6

8　1.8

刺繡

31　袋蓋

61

貼布繡

本體…拼布用布
裡袋…棉布

30　後側

6　6

5　側邊　5　5　側邊　5

44

肩帶（直接裁剪）

棉質織帶
2.6cm寬蒂羅爾繡帶　車縫

3

110

吊耳

（2片・直接裁剪）

棉質布帶

3

7

前側（裡袋尺寸亦同）

20cm返口

本體…拼布用布
裡袋…棉布

30

磁釦

5　側邊　5　5　23　5　5　側邊　5

44

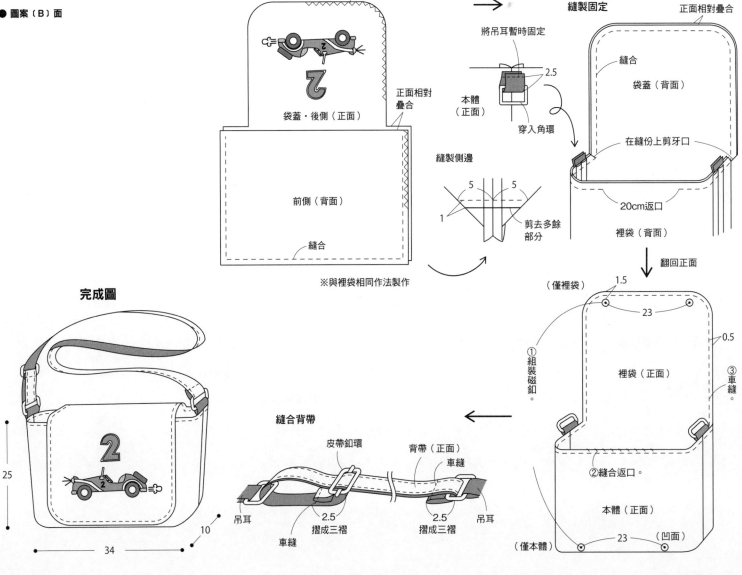

製作本體

在布的邊緣進行Z字形拷克

袋蓋・後側（正面）

正面相對疊合

前側（背面）

縫合

※與裡袋相同作法製作

縫製側邊

5　5
1
剪去多餘部分

將吊耳暫時固定

2.5

本體（正面）

穿入角環

將本體及裡袋正面相對疊合，縫製固定

正面相對疊合

縫合

袋蓋（背面）

在縫份上剪牙口

20cm返口

裡袋（背面）

翻回正面

（僅裡袋）　1.5

23

0.5

裡袋（正面）

①組裝磁釦。

③車縫。

②縫合返口。

本體（正面）

23　（凹面）

（僅本體）

完成圖

25

34　10

縫合背帶

皮帶釦環　背帶（正面）　車縫

吊耳　2.5　2.5　吊耳
摺成三褶　摺成三褶
車縫

四角形&圓形
針插

材料

【四角形】原色棉布15cm×30cm、化學棉適量、DMC25號繡線各色適量

【圓形】粉紅色棉布15cm×30cm、直徑1.2cm包釦內裡、直徑0.7 cm鈕釦各1顆、化學棉適量、DMC25號繡線各色適量

作法（四角形）

1 進行刺繡，製作前側。

2 將後側（與前側尺寸相同，但不作刺繡）與步驟1成品正面相對疊合，留下返口後縫合邊緣。

3 翻回正面，塞入化學棉後，縫合返口。

4 邊緣進行扇貝釦眼繡。

作法（圓形）

※步驟1至3與四角形款相同。

4 將針從後側中心穿入，再從前側中心穿出，如此重複進行、過線，再將整體分成八等分。

5 在作好圓形刺繡的布上進行平針繡，再將包釦內裡置入，縮口固定。

6 將步驟5成品組合於步驟4成品的前側中心，再將直徑0.7cm鈕釦組裝於後側中心。

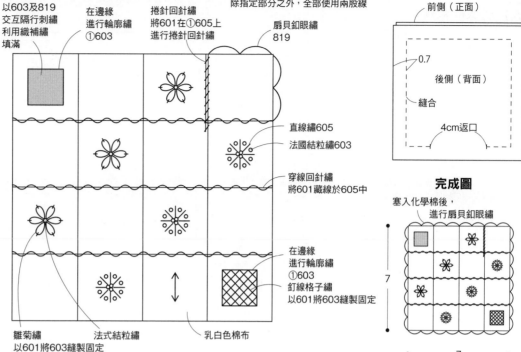

四角形 前側＜原寸紙型・7cm×7cm＞

全部使用DMC25號繡線 ※縫份0.7cm
除指定部分之外，全部使用兩股線

以603及819交互隔行刺繡利用織補繡填滿

在邊緣進行輪廓繡①603

捲針回針繡 將601在①605上進行捲針回針繡

扇貝釦眼繡 819

直線繡605

法國結粒繡603

穿線回針繡 將601藏線於605中

在邊緣進行輪廓繡①603 釘線格子繡 以601將603縫製固定

雛菊繡 以601將603縫製固定

法式結粒繡

乳白色棉布

前側（正面）

0.7

後側（背面）

縫合

4cm返口

完成圖

塞入化學棉後，進行扇貝釦眼繡

7

7

圓形 前側＜原寸圖案・直徑7cm＞ ※縫份0.7cm

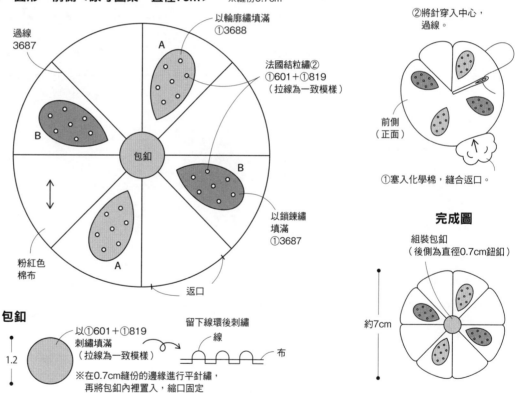

過線 3687

以輪廓繡填滿①3688

法國結粒繡② ①601＋①819 （拉線為一致模樣）

A

B

包釦

B

以鎖鍊繡填滿①3687

粉紅色棉布

A

返口

②將針穿入中心，過線。

前側（正面）

①塞入化學棉，縫合返口。

完成圖

組裝包釦 （後側為直徑0.7cm鈕釦）

約7cm

包釦

1.2

以①601＋①819 刺繡填滿 （拉線為一致模樣）

留下線環後刺繡

線

布

※在0.7cm縫份的邊緣進行平針繡，再將包釦內裡置入，縮口固定

釘線格子繡

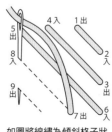

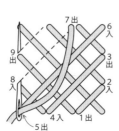

如圖將線繡為傾斜格子狀

以另一種線交叉、固定

扇貝釦眼繡

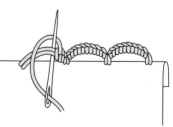

將要作成扇貝芯的線材進行兩次過線

將已過線的線材作成扇貝芯，再進行釦眼繡

P56 ⟨46⟩
雙色刺繡の迷你布墊

材料
Olympus No.1100 小巾繡布18ct（70目／10cm）杏色（1001）30cm×30cm、Olympus小巾刺繡線335・343各適量

作法
1 在小巾繡布上進行小巾刺繡（請參考P.58，針對縱向布紋將圖案配置在上、下兩端）
2 在步驟1成品的兩脇邊進行車縫，避免磨損。接著留下3cm，剪去多餘部分，再抽去橫向線（將剩餘的縱向線留成3cm長的流蘇）。
3 將上、下兩端摺成三褶後，車縫固定。

● 圖案P.111

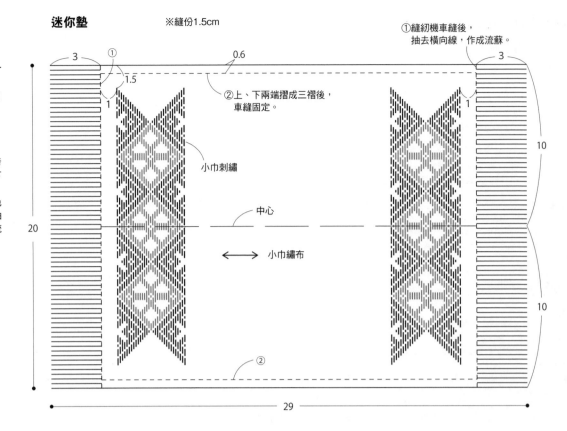

迷你墊　　　　　※縫份1.5cm

①縫紉機車縫後，抽去橫向線，作成流蘇。
②上、下兩端摺成三褶後，車縫固定。

小巾刺繡
中心
小巾繡布

P61 ⟨47⟩
kogin蛋糕包

材料
黑色亞麻布16ct（6目／1cm）60cm×40cm、杏色亞麻布100cm×25cm、2.5cm寬綾織布帶80cm、ＤＭＣ25號繡線各色適量

作法
1 在亞麻布上進行小巾刺繡，作成本體前側（請參考P.58）。
2 在各部分邊緣處進行Ｚ字形拷克的縫份處理。
3 將織帶縫合於本體袋口上，再將縫份收邊完成。
4 將底部和側邊・提把的邊緣正面相對疊合，縫合，製成環狀。
5 將本體和步驟4成品正面相對疊合，縫合後，再將縫份往底部・側邊方向翻摺熨壓，縫製固定。提把的縫份也是往相同方向翻摺，縫合。

● 圖案P.111

袋口處理
2.5cm寬織帶
1.5
車縫
本體（正面）
↓ 摺疊縫份
車縫距離1cm處
本體（背面）

手提包本體（2片）　　　　※縫份1.5cm

中心
小巾刺繡（僅前側）
黑色亞麻布
25
35

※在袋口以外的縫份上進行Ｚ字形拷克

底部
中心★
摺雙
7
杏色亞麻布
48

側邊・提把
7
杏色亞麻布
90

完成圖

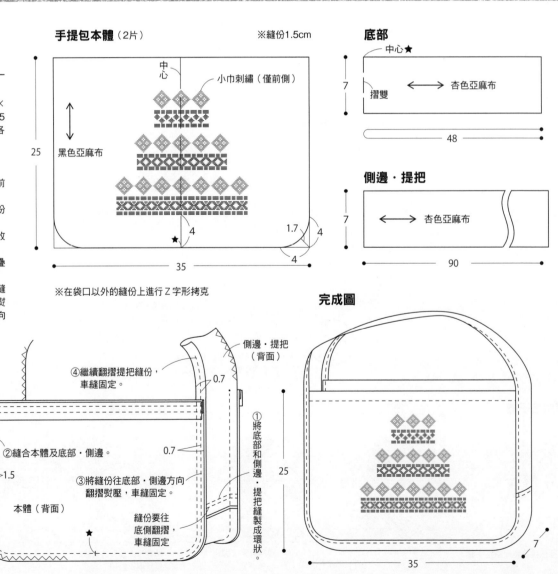

④繼續翻摺提把縫份，車縫固定。
②縫合本體及底部・側邊。
③將縫份往底部・側邊方向翻摺熨壓，車縫固定。
縫份要往底側翻摺，車縫固定
本體（背面）
0.7
0.7

側邊・提把（背面）
①將底部和側邊・提把縫製成環狀。
25
35
7

46・雙色刺繡の迷你墊子　小巾刺繡圖案

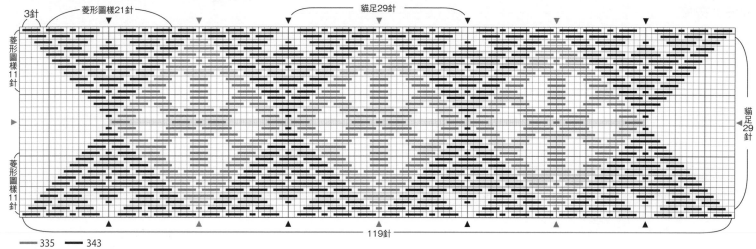

—— 335　—— 343
全部使用Olympus小巾刺繡線　一股線（六股線以上直接使用）
圖案刺繡完成尺寸　約4.4cm×17.1cm

47・kogin蛋糕包　小巾刺繡圖案

4017

4250

4095

4042

4073

4122

全部使用ＤＭＣ25號繡線　六股線　　圖案刺繡完成尺寸　約16.7cm×18.7cm

紅白小物包

材料
Olympus No.1100 小巾繡布 18ct（70目／10cm）紅色（33）35cm×30cm、素色棉布35cm×25cm、20cm拉鍊1條、Olympus小巾刺繡線800適量

作法
1 在本體表布上進行小巾刺繡（請參考P.58）。
2 將拉鍊組合於步驟1成品上。
3 將步驟2成品正面相對對摺，縫合兩個脇邊，再縫合底部的側邊。
4 與步驟3的作法相同，製作裡袋。
5 將裡袋袋口的縫份往背面摺疊，再與本體背面相對疊合。利用捲針繡，將裡袋組裝在拉鍊邊緣。

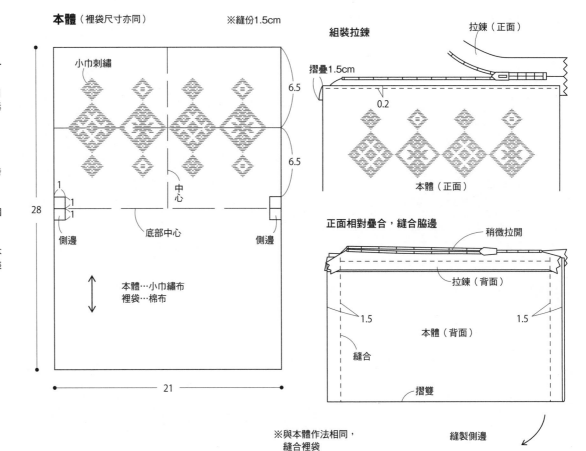

本體（裡袋尺寸亦同）　　　※縫份1.5cm

小巾刺繡

中心

底部中心

側邊　　側邊

本體…小巾繡布
裡袋…棉布

28
21
6.5
6.5
1 1 1

組裝拉鍊

拉鍊（正面）

摺疊1.5cm
0.2

本體（正面）

正面相對疊合，縫合脇邊

稍微拉開

拉鍊（背面）

本體（背面）
1.5　　1.5
縫合
摺雙

※與本體作法相同，縫合裡袋

縫製側邊
2
縫合

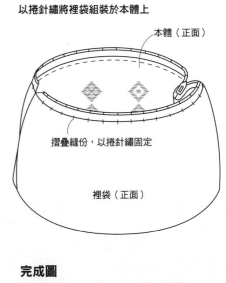

以捲針繡將裡袋組裝於本體上

本體（正面）

摺疊縫份，以捲針繡固定

裡袋（正面）

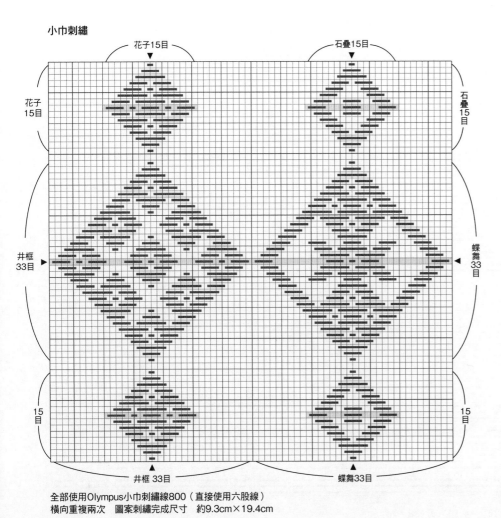

小巾刺繡

花子15目　　　石疊15目

花子15目　　　　石疊15目

井框33目　　　蝶舞33目

15目　　15目

井框33目　　蝶舞33目

全部使用Olympus小巾刺繡線800（直接使用六股線）
橫向重複兩次　圖案刺繡完成尺寸　約9.3cm×19.4cm

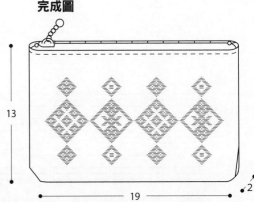

完成圖

13
19
2

蘋果小巾刺繡

材料（1個的用量）

原色亞麻布25ct（10目／1cm）
30cm×20cm、直徑0.2cm棉質圓繩
4cm、化纖棉適量、MATALBON繡線
（321・905・504）適量

作法

1 在亞麻布上進行小巾刺繡（請參考P.58）。將紙模的縱向中心位置對齊圖案的縱向中心，重複進行圖樣刺繡，直到完成線的2、3目外側為止，縫份則取1.5cm寬後剪裁。

2 取1.5cm縫份後，剪裁B部分。將B與A正面相對疊合，對齊合印記號後縫合。以此方法製作兩組後，其中一組的上半部將棉質圓繩（末端可塗上手工藝專用接著劑，避免綻線）縫合固定。

3 將兩組步驟2成品A・B交互正面相對疊合，留下返口後縫合邊緣，縫份處剪牙口後，燙開縫份（小心別剪到小巾刺繡的線）。

4 從返口翻回正面。接著塞入化纖棉，以捲針繡封合返口。

5 將針從下方中心穿入，再從上方中心穿出，接著再次回到下方，上下交替地過線刺繡。如此重複兩次後拉線，讓中心稍微內凹後，修整為蘋果的形狀。

完成圖

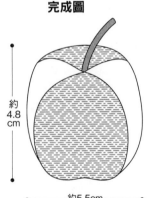
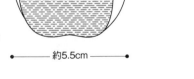

約4.8cm
約5.5cm

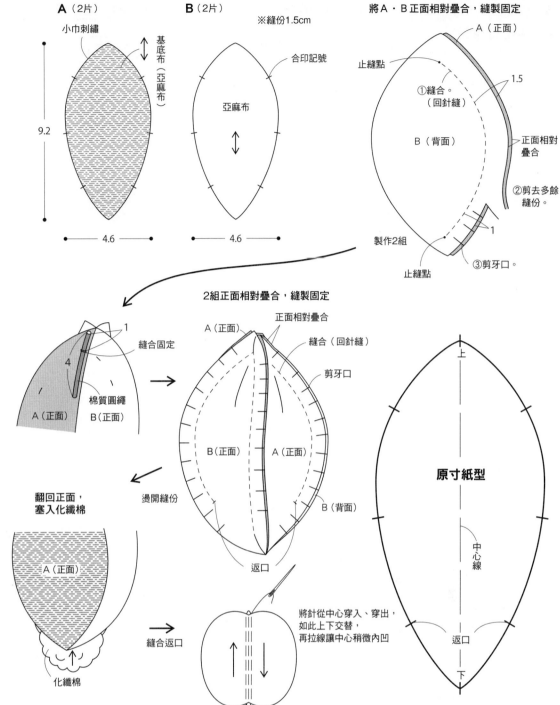

A（2片）
小巾刺繡
基底布（亞麻布）
9.2
4.6

B（2片）
※縫份1.5cm
合印記號
亞麻布
4.6

將A・B正面相對疊合，縫製固定
A（正面）
止縫點
①縫合。（回針縫）
1.5
B（背面）
正面相對疊合
②剪去多餘縫份。
製作2組
止縫點
1
③剪牙口。

1
4
縫合固定
棉質圓繩
A（正面）
B（正面）

2組正面相對疊合，縫製固定
A（正面）
正面相對疊合
縫合（回針縫）
剪牙口
B（正面） A（正面）
B（背面）
燙開縫份
返口

翻回正面，塞入化纖棉
A（正面）
化纖棉
縫合返口

將針從中心穿入、穿出，如此上下交替，再拉線讓中心稍微內凹

原寸紙型
上
中心線
返口
下

小巾刺繡圖案 全部使用MATALBON刺繡線，四股線

（紅色・321）　（黃綠色・905）　（薄荷綠色・504）

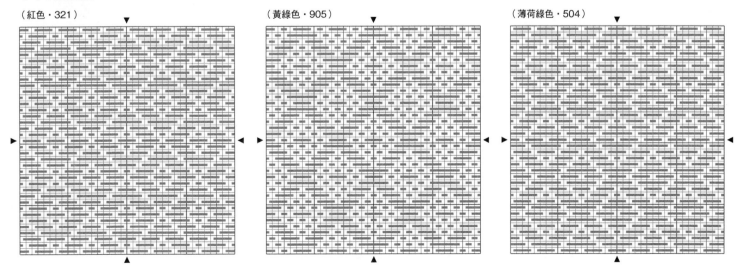

P67 ⑳ 花&蕾絲圖案包

材料
SAJOU亞麻布 紫色50cm×70cm・珍珠灰35cm×15cm、灰色亞麻布45cm×75cm、布襯55cm×80cm、0.4cm寬緞帶70cm、SAJOU繡線各色適量

作法
1 在其中一片A及B的亞麻布上進行十字繡。和另一片A一起於背面貼上布襯，正面相對疊合，縫製後，作成前側。後側・底部・提把的背面也要黏貼布襯。
2 縫合前側及後側的褶子，再正面相對疊合，將兩個脇邊縫製固定。將底部正面相對疊合，縫合後，作成本體。接著，以相同作法製作裡袋。
3 製作兩條提把。
4 將裡袋與本體正面相對疊合置入，再夾入提把，縫合袋口。此時要先預留B的上半部，以藏針縫縫合口部。
5 將緞帶打結，縫合固定。
※十字繡圖案刊載於「SAJOU Album No.658」。SAJOU繡線（2004・2006）取兩股線，將亞麻布2×2目作為一針進行刺繡。

●底部50%紙型刊載於圖案（A）面

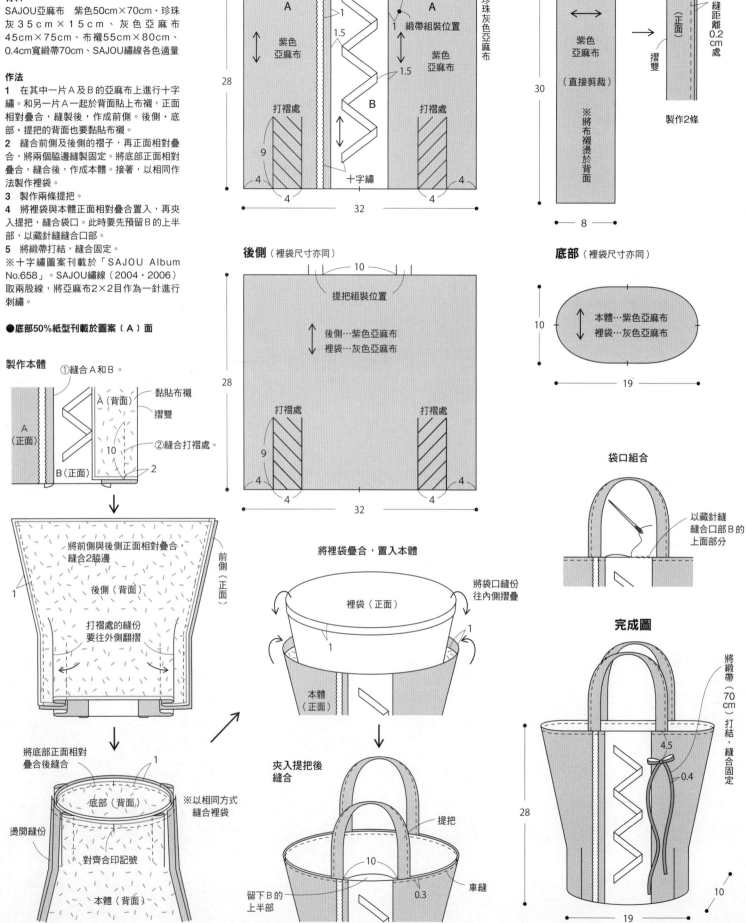

前側

※除指定部分之外，縫份均為1cm
※將布襯燙貼於本體上

提把組裝位置

10
12
2 8
4.5
12

A A

B＝珍珠灰色亞麻布

紫色亞麻布
緞帶組裝位置
紫色亞麻布

1
1.5
1.5
1

打褶處
十字繡
打褶處

9
4 4
4 4

28
32

後側（裡袋尺寸亦同）

10
提把組裝位置

後側…紫色亞麻布
裡袋…灰色亞麻布

打褶處
打褶處

9
4 4
4 4

28
32

提把（2片）

對摺2次
2

紫色亞麻布
（直接剪裁）

※將布襯燙貼於背面

車縫距離0.2cm處

（正面）
摺雙

製作2條

30
8

底部（裡袋尺寸亦同）

本體…紫色亞麻布
裡袋…灰色亞麻布

10
19

製作本體

①縫合A和B。

A（背面）
黏貼布襯
摺雙
②縫合打褶處。

A（正面）
B（正面）
10
2

將前側與後側正面相對疊合，縫合2脇邊
後側（背面）
前側（正面）
打褶處的縫份要往外側翻摺

1

將底部正面相對疊合後縫合
1
底部（背面）
※以相同方式縫合裡袋

燙開縫份
對齊合印記號
本體（背面）

將裡袋疊合，置入本體

裡袋（正面）
將袋口縫份往內側摺疊
本體（正面）
1
1

夾入提把後縫合

提把
10
0.3
留下B的上半部
車縫

袋口組合

以藏針縫縫合口部B的上面部分

完成圖

4.5
0.4
將緞帶（70cm）打結，縫合固定

28
10
19

Mercerie小物包

材料（右・小物包）
SAJOU亞麻布32ct（12目／1cm）藍色
45cm×25cm、杏色45cm×25cm、長
20cm拉鍊1條、SAJOU繡線2032・2834
各適量

作法
在表布上進行十字繡，再將裡布及表布正面
相對疊合，組裝拉鍊，將整體接成環狀，縫
合兩脇邊。接著製作流蘇（混合兩色繡線。
上方吊線則使用2834各四股線，進行麻花
編）。

● 圖案〔A〕面

材料（左・小物包）
SAJOU亞麻布32ct（12目／1cm）米色
35cm×10cm、SAJOU Fabric線捲圖樣
35cm×20cm、杏色亞麻布35cm×25cm、
20cm拉鍊1條、2cm寬織帶6cm、SAJOU
繡線2032・2332各適量

作法
在B上進行十字繡，與A、表布正面相對疊
合，縫合為表布。組合方式請參考P.112
「紅白小物包」步驟2至5。接著將對摺的
織帶夾入其中一邊的脇邊，車縫固定。

右・小物包　本體

拉鍊組合位置
2.5
※縫份1cm
十字繡
38
表布…藍色亞麻布
裡布…杏色亞麻布
拉鍊組合位置
20

組合拉鍊

表布（正面）　拉鍊（背面）
拉鍊（正面）
1　縫合
車縫距離0.2cm處
裡布（背面）
翻回正面
表布（正面）
裡布（背面）

另一側也組合拉鍊
表布（正面）　1.5
拉鍊
表布（正面）
裡布（背面）

2　摺雙
②Z字形拷克。
1　稍微打開
裡布（正面）
①縫合脇邊。
摺雙

流蘇綴飾

①利用別種線材
將繡線確實地綁成一束，
另一側也再次打結。
摺雙　摺雙

②將上方吊線
穿入對摺的
線結處。
7　打結

③利用別種線材
作一環狀，
確實地捲4至5次。
上方吊線
以手指壓住
線端

④將線端穿入
上方線環。

⑤將線的兩端往上下
兩邊拉緊。
將線結打於內側

⑥依喜好剪成
合適的長度。
線端則沿著邊緣剪斷

完成圖

7
約19.8cm
6
流蘇
20

左・小物包　本體（裡袋布一片尺寸亦同）

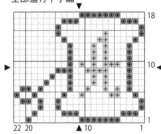

全部進行十字繡
18
10
1
22 20　10　1
⊞ 2032　◉ 2332
全部使用SAJOU繡線，兩股線
※以2×2目作為一針進行刺繡
圖案刺繡完成尺寸　約3cm×3.7cm

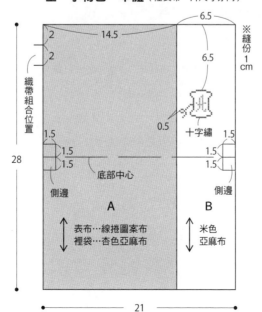

6.5
2
14.5
2
6.5
※縫份1cm
織帶組合位置
1.5
1.5
0.5
十字繡
1.5
1.5
1.5
1.5
28
底部中心
側邊
側邊
A
B
表布…線捲圖案布
裡袋…杏色亞麻布
米色亞麻布
21

完成圖

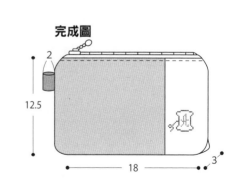

2
12.5
18
3

巴黎風口金包

材料（原色1個的用量）
SAJOU亞麻布32ct（12目／1cm）原色
25cm×15cm、SAJOU Fabric緞帶圖案
30cm×15cm、格紋棉布30cm×25cm、
布襯35cm×15cm、10cm寬彈夾口金1
組、SAJOU繡線2780適量

作法
1 在A上進行十字繡。
2 將布襯黏貼於步驟1成品及B・C上。
將正面相對疊合，縫製，作成本體表布。
3 將步驟2成品正面相對疊合，再縫合兩
脇邊及側邊。
4 製作口布，暫時固定於步驟3的袋口。
5 與步驟2的作法相同，製作裡袋。與本
體正面相對疊合後，縫合袋口，翻回正面。
6 以捲針繡縫合返口，再將彈夾口金組裝
於口布上。

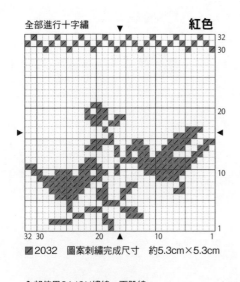

製作口布

製作本體

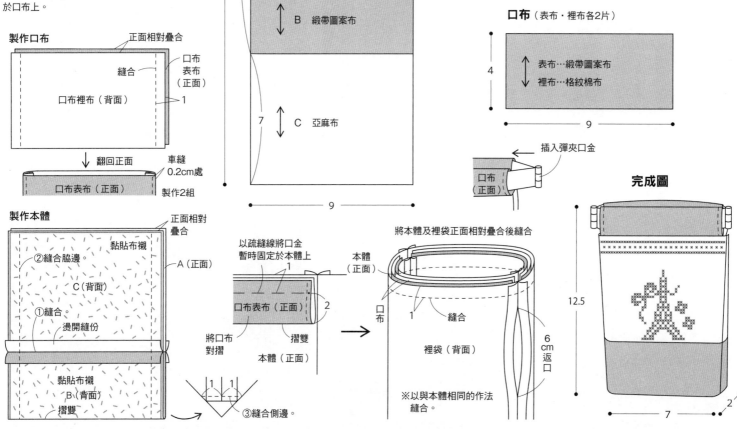

本體

裡袋

口布（表布・裡布各2片）

完成圖

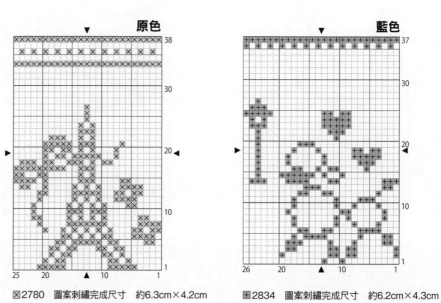

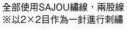

全部進行十字繡　　　紅色

■2032　圖案刺繡完成尺寸　約5.3cm×5.3cm

全部使用SAJOU繡線，兩股線
※以2×2目作為一針進行刺繡

原色

☒2780　圖案刺繡完成尺寸　約6.3cm×4.2cm

藍色

⊞2834　圖案刺繡完成尺寸　約6.2cm×4.3cm

116

除指定部分之外，全部進行十字繡

⑥將666作成緞帶結，再進行釘線繡
（②利用666加以固定）

回針繡414

法式結粒繡
414

回針繡①414

回針繡414

■ 414　◉ 666　⊞ 3850　☐ B5200　▽ D3821（Diamant・1條）
全部使用ＤＭＣ繡線　除指定部分之外，均為25號・兩股線
亞麻布25ct（10目／1cm）白色　※2×2目作為一針
圖案刺繡完成尺寸　約28.6cm×20.6cm

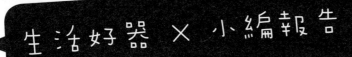

生活好器 ✕ 小編報告

WE WANT YOU!

手作人愛繡募集 ING!

生活中的小幸福，
是一點一滴的手作累積……

刺繡可以幻化成文字、圖案，
表現在眾多生活用品上頭，
舉凡大小提袋、面紙盒套、
鉛筆袋、沙發套、布書衣……
實用的布作，都有自己的刺繡 Style！

寫下你的生活好器 Story，
就有機會在《刺繡誌》上登場，
與人氣作家們一起大秀創意喔！

參加
募集辦法

● 參加募集作品請以「刺繡」相關布作為主，備妥作品名稱、創作者姓名、作品敘述、作品尺寸、作品小故事（300 字內）等資料，以電子郵件方式投稿至「刺繡誌編輯部」。Mail:elegant.books@msa.hinet.net
● 投稿作品務必為原創，若有參考書籍請附上相關資料，以利審查作業。
● 投稿作品圖片請以清晰、解析度高（300DPI）、勿壓字為基本條件。
● 投稿作品若入選即會刊登於雜誌且告知作者，並可獲得當期雜誌乙本以茲紀念，本誌擁有刊登決定權利。
● 以上若有未盡事宜，歡迎來信詢問投稿相關辦法。

簡單又不可思議の
好型手織服

同樣一件衣服只要上下反轉或前後反穿，就能展現出另一種風格！只要直直編織或作出相同織片即可的簡單作法，穿起來卻有著令人驚喜的獨特外型！書中收錄了適合春夏的鏤空針織背心＆外套、罩衫、短外套，還有小領巾、帽子、髮帶等百搭配件。手織魅力滿載的26件服飾＆小物，讓你日日都好型！

Knitting My style

棉麻百搭・好型手織服
26件春夏好感の編織服＆小物

michiyo◎著

平裝／80頁／19×26cm／彩色＋單色

● 定價 320 元

We are grateful

國家圖書館出版品預行編目 (CIP) 資料

Stitch 刺繡誌：一級棒の刺繡禮物：祝福系字母刺繡 x
和風派小巾刺繡 VS 環遊北歐手作 / 日本ヴォーグ社作
；陳冠貴，黃立萍譯 . -- 初版 . -- 新北市：雅書堂文化，
2013.07
　　　面；　公分 . -- (刺繡誌；2)
ISBN 978-986-302-119-3(平裝)
1. 刺繡 2. 手工藝　　　　426.2　　102009517

作者	日本ヴォーグ社	*Staff*	
譯者	陳冠貴・黃立萍	日文原書製作團隊	
發行人	詹慶和		
專業刺繡諮詢顧問	王棉老師	設計	ohmae-d（高岡裕子・高津康二郎・高井伸悟）
總編輯	蔡麗玲	攝影	渡邊淑克・大島明子・三浦明・蜂巢文香・大西二士男・
執行編輯	黃璟安		田邊美樹・三浦英繪・森谷則秋・森村友紀・渡邊華奈
編輯	林昱彤・蔡毓玲・劉蕙寧・詹凱雲・李盈儀	作法解說	前田かおり・植松久美子
美術編輯	陳麗娜	作法繪圖	まつもとゆみこ
封面設計	周盈汝	編輯協力	鈴木さかえ・吉田晶子
內頁排版	造極	編輯	佐々木純・玉置加奈・梶謠子・西津美緒・三井紀子
出版者	雅書堂文化事業有限公司	編輯長	寺島暢子
發行者	雅書堂文化事業有限公司		
郵政劃撥帳號	18225950		
戶名	雅書堂文化事業有限公司		
地址	新北市板橋區板新路 206 號 3 樓		
網址	www.elegantbooks.com.tw		
電子郵件	elegant.books@msa.hinet.net		
電話	(02)8952-4078		
傳真	(02)8952-4084		

2013 年 7 月初版一刷　定價 380 元

STITCH IDEES VOL.16(NV80305)
Copyright©NIHON VOGUE-SHA 2012
All rights reserved.
Photographer:TOSHIKATSU WATANABE,AKIKO
OHSHIMA,AKIRA MIURA,AYAKO HACHISU, FUJIO ONISHI,MIKI
TANABE,HANAE MIURA,NORIAKI MORIYA,KANA WATANABE,
YUKI MORIMURA
Original Japanese edition published in Japan by Nihon Vogue
Co.,Ltd.
Traditional Chinese translation rights arranged with Nihon Vogue
Co,.Ltd.through Keio Cultural Enterprise Co.,Ltd.
Traditional Chinese edition copyright©2013 by Elegant Books
Cultural
Enterprise Co.,Ltd.

總經銷／朝日文化事業有限公司
進退貨地址／新北市中和區橋安街 15 巷 1 樓 7 樓
電話／ (02) 2249-7714　　傳真／ (02) 2249-8715
星馬地區總代理：諾文文化事業私人有限公司
新加坡／ Novum Organum Publishing House (Pte) Ltd.
20 Old Toh Tuck Road, Singapore 597655.
TEL：65-6462-6141　　FAX：65-6469-4043
馬 來 西 亞 ／ Novum Organum Publishing House (M)
Sdn. Bhd.
No. 8, Jalan 7/118B, Desa Tun Razak, 56000 Kuala
Lumpur, Malaysia
TEL：603-9179-6333　　FAX：603-9179-6060